LOCUS

LOCUS

catch

catch your eyes ; catch your heart ; catch your mind……

獻給

永遠最支持我的媽媽和Jim

Catch 150

廚房裡的人類學家

作者｜莊祖宜

美術設計｜Together Ltd.

責任編輯｜林明月

校對｜呂佳真

法律顧問｜全理法律事務所董安丹律師

出版者｜大塊文化出版股份有限公司

地址｜台北市105南京東路四段25號11樓

網址｜www.locuspublishing.com

讀者服務專線｜0800-006689

TEL｜(02)87123898

FAX｜(02)87123897

郵撥帳號｜18955675 戶名：大塊文化出版股份有限公司

總經銷｜大和書報圖書股份有限公司

地址｜新北市新莊區五工五路2號

TEL｜(02)89902588 FAX｜(02)22901658

初版一刷｜2009年04月

初版二十一刷｜2017年1月

ISBN｜978-986-213-114-5

定價：新台幣350元

Printed in Taiwan

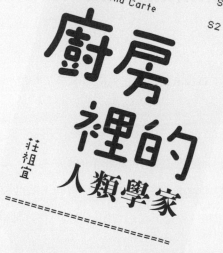

ANTHROPOLOGIST
IN THE
KITCHEN

2009/03/14 19:17
Order No   : 1
Order Emp.   : Man
Guest   : 2
=======================
HOLD
----
1 Lamb Ala Carte
   1 Medium Well
1 Salmon Ala Carte   S1

                            S2

廚房裡的

人類學家

莊祖宜

=========================

一個寫手拖稿的告白

- -

徐仲
營養師，義大利慢食組織創立之美食科技大學（University of Gastronomic Science）碩士，
業餘專研台灣及義大利食材

- -

　　「哈囉！有專心寫稿嗎？幾時可交？」夜裡，MSN 上傳來雜誌編輯的「親切關懷」。

　　理論上，我是個篤信世界和平的柔順寫手，每次遇到這類詢問，不管當時正在剪指甲或是喝咖啡，答案一定是：「有的，編輯大人您放心，我的生活很簡單，如果不是在寫稿，就是正在思考如何寫稿。準時把稿子交給您，是我的人生目標。」

　　至於信與不信，那是編輯的智商或修養問題，至少多年來我們相安無事。

　　然而，今天的我卻一反常態，說出了戳破和平表象的內幕：「別吵，我正在讀祖宜寫的《廚房裡的人類學家》，實在太好看了。」

　　「……《廚房裡的人類學家》？你最好給個解釋，不然你就會成為『刑場裡的拖稿作家』！」

「噴！別這麼說，這文章寫得棒極了，可以說是一本勇於逐夢的故事，這正是現在台灣所缺乏的，一種對夢想的實踐力，看了之後呀，讓人……唉，算了，對於沒讀過的你，我只能套一句徐志摩的話：『不說也罷，說來你們也是不信的。』」

我在電腦前搖頭晃腦炫耀一番，能夠讀到一本好書，就如同品嘗了一瓶年分恰巧的老酒，或是啜飲一杯特選的莊園豆咖啡，那種可以拍擊著桌子的韻味兒，讓人忍不住將文章讀了一遍又一遍，在字裡行間比對過往的經驗，又或是體會自己曾經嚮往的夢想。

這麼說吧，我也曾經夢想過，能夠左手鍋右手鏟，烹煮出讓人驚豔的料理，征服一群歪嘴的饕家。然而經過多年，沒進過餐廳的內場（廚房），外場倒是經常光顧（吃吃喝喝）。看到祖宜在準備博士論文時（通常指快拿到博士了），毅然捨棄學位，進入廚藝學校，由零開始再次出發。我發覺所謂的「捨得、捨得，有捨才有得」這句話，在她身上顯出最好的例證。

隨著她的筆鋒，我彷彿再次經歷由學子到體認社會的過程，看著廚藝學校如何將廚藝規格化，瞧著工作時的辛酸與成就，分享著對於餐飲界的種種看法，一連串的經歷在妙趣的筆法中，井然有序地一一道來。藉由這本書，彷彿我也參與了她的經歷，體會了下廚的愉悅感。

最令我回味的部分，不在於那一篇篇美味可口的菜餚描述，而是在她以人類學者的基礎素養，透過食欲的前後端生態，描述出種種社會現象。比如〈食雞的文

明〉這篇，討論到的雞隻品種問題，勾勒出一個過度強調「速率」的社會隱憂。在〈中菜速成班〉這篇，點出亞洲餐飲缺乏有制度的教學包裝，這是餐飲人員可開發的未來市場。在〈婆婆的營養主義〉一文中，瞧出現代飲食教育的盲點。在〈米其林標準〉中，客觀地解讀傳統飲食文化在全球化時代，嘗試與國際接軌的優劣得失。

我常說，一位主廚之所以讓人尊敬，不在於媒體曝光率或是菜餚的美味，而是他是否能將自身的思想表現在料理上。就我來看，祖宜這本書不僅僅記錄著廚藝學校和餐飲生活，而是一本蘊涵著人類學思想的生活小品，一本重新取回人生發球權的記述。

「喔！被你講成這樣，不讀都說不過去了。這樣吧，明天把書拿給我，你繼續趕稿，後天晚上如果交不出稿，這本書就沒收，如何？」編輯的MSN傳來這段話。

「……歡迎使用離線訊息功能。」我打上這幾行字，關上電腦，輕啜一口宜蘭茶農給的金萱，繼續翻開看一半的〈Confit〉篇，思考改天是否可以如法料理苗栗苑里農家的禾鴨。

夜半捧讀，回味再三。

一名台灣人類學家的香港廚房課

● ●

梁文道
作家，香港牛棚書院院長，電視節目主持

● ●

　　一頓晚飯一個人花一千元港幣到底是太貴還是太便宜？這得看你是從什麼角度來看這頓飯了。假如你是一般食客，你或許會覺得這簡直是窮奢極侈；但你若是一個餐飲業的行內人，你可能就會認為這一餐的取價恰到好處，甚至物超所值了。莊祖宜就是如此一位內行人，全靠她，我才知道香港星級餐館真是艱苦經營，在那裡吃飯實在是太過「划算」。而這位香港內行人，居然是個台灣女子。年前我在網上偶而撞進莊祖宜的 blog，看見「廚房裡的人類學家」這個格名，還以為她真是一個很正經的學者，正在廚房裡頭做考察，把灶台當作田野。一路看下去，才曉得她是個變節的人類學家。

　　莊祖宜本來也許是位有前途的學者，住在波士頓劍橋那麼好的學術氛圍裡頭不好好專心寫論文，反而誤墮塵網，跑去有名的劍橋廚藝學校學做菜。而且這一去就再也回不了頭，徹底陷入不見日光的爐灶生涯。人類學原是盛產變節者的學科，因為人類學家講究進入田野，想方設法混進研究對象，學當地人的語言，穿他們的衣服，吃他們的食物，甚至用當地人的腦子去思考去感覺。然後他必須跳出來，回復

自己的學者身分，再把之前一切體會一切經歷化成研究題材。這一跳甚是關鍵，有人移情移得過火，到了彼岸之後樂而忘返。於是才有變成了北美印地安巫師的人類學家，用西西里方言在街上收保護費的人類學家。

莊祖宜有點不同；嚴格講，她的經歷不算是背叛人類學，因為她本來就是廚房的信徒，反過來說，學術似乎才是她人生中意外的插曲。讀她的書，你就會明白到底哪一行才是她的專業。

小時候看烹飪節目，非常不理解為什麼電視裡的專業廚師總是先把所有材料分門別類，放進一個個小碗小盒裡頭，整整齊齊；明明一般人家的廚房都不是這個樣子呀。大人們說：「那是演戲！真正做菜哪有這麼整潔。」於是我也一直以為那是為了讓觀眾看得明白，真實的廚師不可能把時間花在這些地方。後來我才知道標準的西廚程序的確有一道必不可少的「mise en place」，就是在正式做菜之前，先將一切材料洗淨切齊，放置在大小不同的容器之中。

也許這就是為什麼很多在家做飯做得不錯的業餘者一旦受不住鼓動起念開了自己的餐廳，跟著才發現在家煮菜與開店營業根本是兩回事，最後往往敗興而歸的原因了。雖然都是廚房，但那的確是兩個不同世界的廚房。所以我喜歡看那種近年很受歡迎的行內人自述，看那些資深大廚的不堪回憶與實習生煉獄歸來的心得，它們能把我導向我所不知道的世界，打開我從未開啟過的那道門；隔開用餐區與廚房的大門。

莊祖宜的書就是這類內行人的自述（也可以說是一個人類學家的田野調查筆記）。對我來講，它還別有一層特殊意義，那就是讓我這個香港人得以窺視香港星級餐館的內幕。在莊祖宜的筆下，香港名店的廚房有一堆心懷夢想苦練實幹的青年，例如一個背得出Nobu食譜的菲律賓人，一個把實驗筆記本塗得密密麻麻的年輕糕餅師。他們不上電視不上雜誌，默默無聞，薪水低、壓力大，滿身傷痕滿臉倦容，不知何日才能達成獨當一面的願望。與這些人相映成趣的，是地上一大堆期限已過但又賣不完的貴價進口食材，以及被剪下扔掉的菜頭菜尾。為的就是弄出一盤我們吃來覺得還可以的菜，甚至是米其林指南上一顆星與多一顆星的差距。可是，上得了米其林也不代表什麼。莊祖宜曾經加入一家充滿熱情小伙子的新餐廳，大家用心奮鬥，對抗逆市危機，然後在米其林指南出版之前的幾個月關門退場；而指南上還說他們「溫暖清新……每個步驟都是革新和創意之舉」……

　　莊祖宜提到的好幾家餐廳，在我的印象裡都是取價不菲，但水準又不至於驚天動地的所在。不過在看完她的書之後，我總算學到了憐惜，憐惜可貴的食物，更憐惜那些耗了無數光陰在它們上頭的人。從這個角度看來，一頓千元一客的晚飯，的確不貴。

聽，台灣料理人說故事

● ●

葉怡蘭
飲食旅遊作家，《Yilan美食生活玩家》網站站主

● ●

平素愛讀書。也因為工作與個人喜好緣故，所讀之書裡，有極高比例是飲食相關書籍。而這其中，特別有一類書，格外吸引我的注意：那是，懷抱著強烈的個人理想與志趣，投入專業學廚以至從業之路的歷程點滴記述。

我愛讀這些書，除了因著字裡行間所流露的、對美食對烹飪對料理的滿滿熱情，每每能讓我深有共鳴之外；另一方面，也是因著得以藉此一窺外人往往難以輕易得見的，料理職人的養成、專業廚房的真實面貌與工作流程，以及，餐飲工作的嚴謹和艱辛。

那是，遠遠站在廚房外的我，一直以來，始終好奇著尊敬著，卻是此生應再難有機會親身近距離體驗領略的一面。

然遺憾的是，多年下來，這類書籍雖說讀得不少，也確實不斷地被書中文字與場景一次次觸動；然而，卻大多數來自翻譯，少見國人書寫之作。

讀著，總覺隱隱然隔著一層；因此，甚至有一回，在某本書中偶然讀到作者的一位同學是來自台灣，竟不由自主地開始在書頁裡追著她的身影，只可惜這角色相較下並不常出現，讀著讀著，不禁有些許悵然。

　　我想看，我們台灣人自己的故事。

　　渴望知曉，在那些人人景仰的國際一流廚藝學府裡，生於台灣長於台灣的廚人們，是如何一面努力追逐自己的夢想，一面在西方Fine Dining一絲不苟的淬煉、與自身所屬的台灣飲食文化性格間，尋覓自己的立足與思考位置。

　　所以，這會兒，讀到莊祖宜的《廚房裡的人類學家》，真有說不出的歡喜。

　　比起一般學廚者，祖宜的經歷可說獨特：在偶然契機下，決意放棄即將到手的人類學博士學位，轉而進入劍橋廚藝學校修習專業廚師課程。

　　而《廚房裡的人類學家》一書，便是她在這段學藝、以至之後的實習與工作間所記錄、書寫下的點滴。全書分成三章：〈廚藝學校〉、〈餐廳實習〉與〈飲食雜文〉。

　　在我看來，祖宜雖說因著廚藝夢想的覺醒而整個轉向、遠離了既有的人生軌道；但我認為，之前人類學的學術訓練和人文滋養，卻是使得此書讀來格外扣人心弦的關鍵。

我喜歡前兩章關於廚藝學校和餐廳實習的描繪。看似平鋪直敘娓娓述說，然卻一點不流於靡蕪冗長記流水帳，而是精準而巧妙地選擇幾個主題切入，從中刻畫、凸顯、對比出，作者深深浸淫此中後，所觀察並捕捉、學習到的，專業廚藝訓練與工作的要義與精髓。

　　我也喜歡最後少少驚鴻一瞥的幾篇、已經略有些評論氣味的文字。專業廚師背景，使之不僅能有源有本、不流於夸夸空談；最重要的是，先前於學院中養成、對人類對社會對文化的觀照，以及本身所具備的多國生活經驗，令祖宜得以擁有更開闊寬廣的眼界與見地，遂能在東方與西方、台灣與異邦、常民飲食與 Fine Dining 等等不同飲食地域與層次間，不偏不倚不卑不亢地，建立起屬於自己、屬於亞洲人、屬於台灣人的客觀觀看角度，以及，驕傲和自信。

　　而這也始終是，我對近年來，越來越多有志投入或已經投入專業餐飲領域的新一代年輕廚人們，至深的期許與希望。

學院之外：一場滿溢香味的知識饗宴

....

張鐵志
文化與政治評論者

....

雪的味道。

我記得那個大雪的冬日，我和友人去祖宜在波士頓的家吃飯。我不會忘記他們那個「寬敞明亮的老廚房」，更不會忘記當我們看到桌上呈現的每一道菜，以及吃到肚中之後，那一聲聲讚嘆與驚呼。然後，我們帶著飽足的幸福，舉步維艱地踏著深深的積雪離去。

然而，那樣的深雪，祖宜走過多少次啊。從他們家到她的烹飪學校，距離雖然不遠，卻是一條多麼不簡單的道路。

我和祖宜是在美國一場關於台灣研究的學術研討會上認識的。當時我是政治學博士生，她是人類學博士生。那時，我就知道她除了學術外，還有另一個專長：歌唱。我甚至在很久以前就看過她在敦南誠品人行道上的演出。她有著極為動人的美麗歌聲。

之後，我才知道她有另一個興趣與專長：烹飪。

除了聊音樂外，我們都有一些共同的關懷，或者說共同的焦慮——這也是許多博士生所共有的——就是是否要以學術作為下半生的志業。

因為對於知識有著高度的景仰，並且相信知識可以幫我們解答認識世界的許多謎團，所以我們選擇了攻讀博士，準備進入學術領域這個知識世界的最高殿堂。但是我們也在漫長的攻讀過程中，逐漸發現學術之夢一點一點地崩塌。每個人的幻滅有不同原因。有的人發現學術導致行動的無能、知識的異化或想像力的剝奪，有的人是因為發展出第二興趣、專長，當然也有人是遇到了各種人生瓶頸。這個路程確實是「行路難」，如作家柯裕棻在她描述留學過程的經典文章中所說。

大部分人，或大部分人身邊的親友，都會跟苦主說：已經念到這個地步了，千萬不要放棄，要繼續往前走。

於是我們繼續迎著風雪踽踽前行。

然而，祖宜何其有勇氣，放棄已經走這麼遠的學術之路，而毅然朝向另一個夢想追尋。那是許多人所欽羨的勇敢；當然，她也何其有幸，有家人的鼓勵與支持。

但她並沒有放棄對世界的好奇，與對知識的追尋。從學院轉進到廚房，那又何嘗不是另一個廣闊的知識世界呢？原本我的這篇文章想取名為「從書房到廚房」，

但轉念一想，看她如此用功地去捧讀各種食譜和飲食文化的書籍，如此認真地以人類學訓練考察食物與文化的關係、書寫廚藝養成過程的筆記，祖宜的廚房和書房不是早已合而為一了嗎？

祖宜或許沒有走進經院、踏上學術之路。但是當她在廚房煎煮炒炸，並且用筆寫下對廚房人生的體驗與思考時，她已經為我們打開一道新的知識視野，建立一個最生動有趣且香味四逸的文化人類學。

誰說知識生產只能在學院，而不能在廚房中？

大補帖

• •

蔡珠兒
作家

• •

　　有些事，咫尺就是天涯，譬如廚藝票友和專業廚師，二者之間的差距，有如三萬呎下的馬里亞納海溝，暗湧凶險深不見底。我們這些貪吃好煮、卻又貪生怕死之徒，由於深明此理，早就明哲保身，只敢在家雕蟲切瓜，拋鍋耍鏟，做做食神的白日夢，絕不敢妄想下海，跨越雷池半步。

　　好了，這個莊祖宜，還是個準博士，竟敢把玩票當成志業，毅然丟下論文，投筆從刀，棄鍵盤上砧板，就這麼縱身一躍，跳入海溝。那底下，聽說是通到地獄耶，高壓罩頂，冰火伺候，要熬過銅人陣，殺出木人巷，這個不知險惡的學院派女生，要怎麼破陣闖關啊？

　　我最佩服這種怪咖，當初在網上看到莊祖宜的部落格，已經驚喜莫名，嘖嘖稱奇，換句流行話，就是○形嘴啦。現在，這本書由虛而實，結集問世，讓我讀得津津有味，○形嘴就更合不攏了：除了驚奇讚嘆，垂涎神往，而且莞爾會心，笑口不斷。

只見她穿上格子褲，到廚藝少林拜師學武，淬煉割烹，磨礪甜鹹，舞刀弄叉練出一身功夫，好不容易出師下山，卻只能從低做起，在廚房角落切塊揀菜，捱熱受凍胼手胝足，做到天昏地暗渾身酸痛，還是無薪白幹的實習學徒。

　　如果你以為，這是個菜鳥廚師的奮鬥史，煉獄廚房的血淚實錄，那就太小看她了。莊祖宜潛入海溝，雖也掛彩帶疤，卻是履險如夷，穿花拂柳身手輕盈，帶回琳琅閃亮的龍宮寶藏，除了生動詳盡的學廚經歷，還有豐富的食味，精湛的心法，以及深刻的觀點見地。更重要的是，她真誠又有趣。

　　廚師現身說法，爆料揭祕細數心聲，遠有安東尼‧波登的《廚房機密檔案》。外行人入廚學藝，弄得五癆七傷體無完膚，終於取經成功修得正果，近有比爾‧布福特的《煉獄廚房食習日記》。莊祖宜的資歷火候，雖然不能和這兩人相比，然其幽默知性的女性書寫，非但毫不失色，還更清新動人。男人哪，說起廚藝，還是摩拳擦掌，鬥志堅強，放不下技術本位和專業主義，不像莊祖宜，無欲則剛隨興揮灑，可以邊煮邊玩，搞出什麼「川墨fusion版美國辣豆醬」。

　　此書美饌紛陳，香馥四溢，門道訣竅俯拾皆是，絕對是廚藝票友的大補帖，讓人看得心動手癢，然而最可貴的，我以為並非食物的祕技或滋味，而是濃郁的人味。

　　莊祖宜不愧是人類學家，在廚房也能找到廣袤的田野，她好奇熱心，每事必問，從廚校的老師同學，明星大廚，餐廳同事，廚房階級，到遊輪上的蔬果雕刻師，她隨意訪談，寫照出這行的眾生相，讓我們除了食藝色香，還感受到深切的情味。說到底，食物是關於人的，知道是誰做，由誰吃，「怎麼做」才有意義啊。

推薦序6

誰在廚房寫手記⋯⋯

- -

黎俞君
台中鹽之華法式料理廚房主廚

- -

　　剛看到《廚房裡的人類學家》這本書的書名時，其實還滿納悶的，因為坊間諸如名廚安東尼・波登（著有《廚房機密檔案》）及名記者比爾・布福特（寫有《煉獄廚房食習日記》）這類揭露廚房祕辛及其獨特文化的書籍已大有人在，怎麼如今連人類學家都要進駐廚房⋯⋯但這份驚訝與不解在看完祖宜的自序及前面幾篇文章時，就被她那充滿詼諧與幽默的文筆給吸引住了，而在閱讀的過程中時而心有同感的會心一笑，時而深省，當然其中的趣事也讓我放聲大笑不能自已。

　　要將這本看似小品集結而成的書歸類對我而言有點困難，雖然其間每篇文章的篇幅不長，其詼諧的筆觸，觀察事物的細緻與描寫皆與所謂的雜記與小品無異，但在字裡行間卻不斷透露出作者對食材、飲食文化等諸多觀念及思想，例如：廚師對自己工作的要求與堅持（見〈麵包瘋子〉、〈道地義大利〉等篇）；人們在享用料理的同時應懷有的想法與心情（見〈一碗清湯〉、〈高貴的橢圓形〉等篇）；經營者與主廚在理想與利益間的取捨（見〈完美的代價〉及〈Beo有機廚房〉等），乃至於對現代速食盛行及米其林指南與不同文化之省思等等，讓人在歡笑的同時，也了解並思考

（如果你願意的話）在飲食文化背後更深沉的意義，我相信這是一本能讓你在歡笑感動中讀完卻也能讓你細細品味思考的作品，同時極力推薦給想步向大廚之路的新鮮人閱讀，相信其中定能有許多斬獲。

廚房裡的人類學家
Anthropologist in the Kitchen

目次 *Contents*

I · 廚藝學校

從學院到廚房

想想是怎麼開始學做菜的，還真得感謝人類學。

1998年秋我第一次離家，辭去國中教職到紐約攻讀我一直嚮往卻完全沒有基礎的文化人類學。上了幾天的課下來，我的信心幾乎已完全崩潰——當其他同學爭相批評某某民族誌的理論謬誤，引經據典的指出作者的殖民觀點與霸權論述時，我滿心惶恐，自問：「這本書不是在談蘇丹的牧牛族群嗎？我花那麼多時間細讀牛隻的重要性全白費了！」糟糕的是越緊張肚子越餓，滿腦子從牧牛人聯想到川味牛肉麵，饑餓加上惶恐搞得我全身發抖冒汗，還好教授沒點我發言，否則只有昏倒一條路可走。下了課，我沒力氣也沒勇氣和聰明優秀的同學們寒暄，直奔超級市場買蔥薑蒜麵條醬油牛肉與豆瓣醬，回到宿舍裡一層十二個人共用的小廚房裡大動爐火。

其實那時候我根本不會做菜，連牛肉湯得用腱子或肋條這樣的部位，加骨頭小火慢燉都不知道。胡亂煮出一鍋肉老味澀的醬油湯，勉強吃掉，下廚的成果雖然不如人意，忙一頓飯下來，緊繃的神經卻不知不覺的舒緩了。

從此每天下課買菜做菜便成為我留學生活的例行休閒。研究所裡人人都有念不

完的書與寫不完的報告，為了紓解壓力，有人跑步，有人練瑜伽，有人喝啤酒，有人上教堂，但對我來說，還真沒有任何一種活動比洗菜切菜，淘米醃肉這樣熟能生巧的機械性動作更能安撫焦慮。宿舍裡的同學們偶爾進廚房泡咖啡熱比薩，見我捧著一盆豆莢摘新鮮豌豆，大呼不可思議。他們怎知我盯著電腦老半天一個字也寫不出來，摘豌豆十分鐘一大碗是多麼有成就感！做菜的樂趣就在於它看得到摸得到，聞得到吃得到，而且有付出必有回饋。 看著蔥蒜辣椒劈劈啪啪的在油鍋裡彈跳釋放香氣，酒水注入沸騰瀰漫於空氣中，那種滿足感是非常真切踏實的。

　　一段日子下來我讀書略見頭緒，三不五時也懂得引用後結構或後殖民理論大師來彌補個人想法的疏漏與平庸，但心底最驕傲的成就卻是做菜越來越得心應手。從紐約搬到西雅圖繼續攻讀博士，難得一見的晴天，大有理由蹺課去露天市場買菜，雨天則適合窩在家裡念書燉湯。隔壁讀社會學的食素嬉皮女生在院子裡種了一堆瓜果香草，沒事會送我一包新採的番茄、迷迭香或薰衣草，我也會禮尚往來包素餃或榨豆漿回送給她。農曆新年，我請美國同學來家裡吃年夜飯，感恩節則招呼沒家可歸的台灣同學與其他外國學生一起來烤火雞吃南瓜派，忙得不亦樂乎。

　　我找盡藉口在家裡大費周章做菜請客，席間身邊的熱血青年們個個暢談滿腔理想與對世界的不滿，批評美國的外交政策、國際金融機構對發展中國家的負面操作、原住民的身分認同、森林的墾伐、性別的壓抑、國族的興衰……我一方面欣喜自己的客廳變成文化小沙龍，一方面自慚熱情不如他人，空讀了一肚子書卻沒有半點行動力。想當初選擇這個冷門的學科也是憑著一股對學術的理想與熱情，走到論文的階段卻是寫了又改，改了又刪，遲遲交不出像樣的篇章。

位於麻州大道的劍橋廚藝學校正門。圖片提供 | Cambridge Culinary

人生的抉擇

2006年8月，我隨新婚不久的老公搬到波士頓，因為Jim很幸運的申請到獎學金，赴哈佛的甘迺迪學院進修一年。我們的計畫是希望在他畢業之前我也能完成論文，所以攜帶的家當除了衣物以外幾乎都是書本筆記，只求早日安頓下來即可專心寫作。

由於沒有申請到宿舍，到波士頓的第一個禮拜我們暫住近郊的旅館，首要工作是察看哈佛校園周遭的環境，希望能在短期內找到理想的公寓。我在租屋網上看到不遠的波特廣場一帶有間兩房兩廳的公寓要出租，是老房子的頂樓，廣告上說採光佳有陽台，租金低的離譜，不知道有什麼蹊蹺？我打電話給仲介公司預約參觀，第二天一早拉著Jim往波特廣場跑。我們在路上互相發誓，絕對不能意氣用事看完第一個房子就簽約，這麼說著說著就走到了麻薩諸塞大道旁一大排漆亮的木框玻璃窗前。

我看木底金字的匾額上寫著「The Cambridge School of Culinary Arts」（劍橋廚藝學校），烹飪學校耶！這種學校我只有聽過，這還是頭一回看見。一排玻璃窗後是好幾間教室，眼前那間教室裡十幾個身穿白衣白帽的學生坐得規規矩矩的拚命抄筆記，一個戴高帽的講師站在一張義大利地圖前高談闊論，可惜聽不見他講些什麼。另一間教室的後方很清楚的可以看到是一間充滿不鏽鋼器具的廚房，一群學生正在裡面忙碌著。我忍不住站在窗口看了好久，那種感覺大概有點像臨死的人看到光吧──身後漆黑的長廊充滿了現實的壓力與苦惱，眼前的世界奇幻美好，似乎有無限的可能。

　　好不容易扭轉回現實，折進巷子裡走沒幾分鐘，就見到了預約參觀的紅色木房子。　仲介人帶我們爬到三樓頂層，門一開陽光唰的灑進來，四面都是窗戶，木質地板，挑高的天花板上懸吊著老式的風扇。最不可思議的是廚房，大到可以在裡頭翻滾跑跳，開放式的設計有木質吧台，黑色皂石流理台，後面還有通風良好的儲物間，小陽台對面是一片雜草叢生的廢墟花園。我恨不得立刻搬進來！仲介人告訴我們這間房子之前租金一直抬得很高，也不乏人問津，只是來詢問的房客不是有追打哭鬧的孩子，就是一群精力充沛的大學生想要分租，都不合屋主的理想。這個星期租金剛降下來，已經吸引了好幾對年輕夫妻與研究生，要申請得快。

　　拿了申請表格離開後，我心裡激動不已，完全沒有興趣去看其他的房子，因為不知不覺中，我已經開始盤算如何去善用那個寬敞明亮的老廚房，而且對巷口那間烹飪學校異常動心。那天傍晚，Jim去學校辦點事，我一個人忍不住又晃到波特廣場。站在劍橋廚藝學校的窗口，這回我看到廚房裡有一個東方面孔的女孩，大概是

個日本人，穿梭在一群白人之間，格外顯眼，給我一股莫名的震撼。我心想：「那也可以是我呀！」

我跑去書店裡買了兩本書，一本是已故電視名廚與食譜作者茱莉雅·柴爾德（Julia Child）的口述傳記《我在法國的歲月》（*My Life in France*），另一本是麥克·儒曼（Michael Ruhlman）的《大廚的造就》（*The Making of a Chef*）。

那晚我睡不著，整夜啃讀茱莉雅。原來這位在美國家喻戶曉的名廚一直到37歲才開始學做菜。在那之前她是美國中情局前身OSS的「祕書」（也有人說是探員），四〇年代初派駐斯里蘭卡的時候認識她後來的老公保羅·柴爾德。1948年保羅以國務院文化官員的身分駐派巴黎，茱莉雅隨夫搬往法國，一下船就被法蘭西美食深深震撼，隨即申請進入藍帶廚藝學院（Le Cordon Bleu），從此夜以繼日瘋狂做菜。接下來的十年，她以廚師的堅忍熱情與情報員的巨細靡遺完成了美國出版史上的鉅著——《精研法式烹飪藝術》（*Mastering the Art of French Cooking*），全

書逾七百頁，每一則食譜都經過千錘百鍊，解釋詳盡，讓美國戰後一代只會開罐頭的婦女紛紛學起法國菜。茱莉雅搬回美國之後，在波士頓的公共電視台主持烹飪節目，以她一百八十多公分的巨人之姿，一口渾濁咕噥如男扮女裝的口音，一股近乎搞笑的瘋狂與真誠風靡全國。從那時開始一直到92歲，她就住在哈佛校園後面的爾文街三號，常在這附近的市場買菜。可惜我與她緣慳一面，她在兩年前已經去世了，就在我30歲生日那天往生。

看完她的書以後，我忽然覺得自己三十幾歲也不算太老。

接下來幾天在爭取屋頂老房子的同時，我廢寢忘餐啃讀《大廚的造就》。作者麥克‧儒曼本是個記者，由於對專業烹飪的訓練過程非常好奇，說服了美國最高廚藝殿堂，美國餐飲學院（The Culinary Institute of America，簡稱CIA）校長讓他入校學習，同時寫書。這本書從他入學的第一天寫起，歷經刀工訓練，醬汁烹調，冷廚，烘焙，與學校附設的餐廳實習……儒曼的文筆生動流暢，寫到大廚們嚴

苛的標準令人膽顫，看到學生們的技術由笨拙日臻精湛也讓我動容。我尤其欣賞儒曼對自己學習過程中言行思考轉化的反省——他從一個只是來觀察教學的記者逐漸變成一個注重細節、速度與紀律，而且不怕辛苦也絕不遲到早退的廚師。整本書道盡了廚藝養成的辛苦與專業廚房特有的倫理文化，從第一人稱的田野調查角度寫出，簡直就是不折不扣的人類學民族誌。

我的腦子裡電光石火 一聲巨響：廚藝專業是一種特有的文化，廚師是跨國的民族，日新月異的餐飲事業是對當代廚藝文明的衝擊與挑戰。哈利路亞，我找到我的志業了！我要進廚藝學校學做菜，並貢獻此生研究餐飲文化！

那整個禮拜我在精神亢奮與連續失眠導致的體力虛脫中度過，畢竟要放棄已達論文階段的博士研究不是小事，但說實在我對自己的研究題目已經喪失了興趣，看身邊畢了業的同學找助理教授工作四處碰壁也讓我意志頹喪。但最重要的是我從來沒有在別處感受過像烹飪這樣強大的吸引力。

8月9號，我報名參加了劍橋廚藝學校的說明會，得知他們的「專業廚師課程」為期十個月，下個梯次是9月開學，次年6月畢業，申請在七天內截止。Jim的哈佛課程剛好也是9月到6月，我們7月就得搬到香港開始他的下一任外交工作，所以事不宜遲，要申請就是現在。我和爸爸媽媽通過電話之後，他們出乎意外的非常體諒與支持，媽媽說：「論文寫不完當然很可惜，但快樂是最重要的。」還問我錢夠不夠用，當下答應贊助我一半的學費（謝謝媽媽）！

　　我在幾天內準備好了申請函、成績單、推薦信，8月15號就接到入學通知，幾天後就搬進了紅房子的頂樓。如此攸關人生的重大抉擇兩個禮拜以內搞定，至今無怨無悔。

學廚初體驗

　　Oct. 16, 2006，入烹飪學校剛滿一個月。

　　連續好幾次下了課回到家才發現，我一整天在學校廚房裡工作了八個多小時竟然都沒有上廁所，實在是忙得太忘我了！廚房裡的步調很緊湊——爐台上的高湯醬汁要長時熬煮與多次過濾、切菜講究刀工整齊、大碟小碟的香辛調味料得準備萬全、砧板和工作台不時要清潔消毒、一有空檔就得洗鍋碗瓢盆、出菜時間要確切掌控、所有盛熱菜的餐盤都要預熱、盤式要講究……這一切都在十幾坪大的廚房裡與十幾個負責不同菜色的同學共同進行，一不注意，爐台和烤箱的空間就被搶光了。所以在進行每一個步驟的同時都必須為接下來的步驟做好溝通與準備，免得手忙腳

亂，功虧一簣。 就是因為如此忙碌與專注，我往往一整天下來連喝口水的時間都沒有，完全沒有上廁所的需要。

這跟寫博士論文時的我差別多大啊！幾個月前我埋首與論文搏鬥，嘔心瀝血口乾舌燥，幾乎每寫一個句子就必須喝一杯水，每十分鐘跑一次廁所，一天下來進出廁所少說二十來次。此外我頭痛、眼睛痛、背痛、肚子痛，頭頂還生了一小叢白髮，夜晚常做噩夢，盜汗心悸。有一回夢到我腦子長腫瘤，醫生宣佈必須在20分鐘內開刀方有存活希望，但手術風險極大。我夢裡慌張的試著跟家人聯絡不著，最後孤單的進了手術房。心裡唯一的安慰就是——如果死了就不用寫論文了！

跟當時的心力交瘁比起來，在廚房裡勞動體力真可說是充實又幸福。以前我早上總是起不了床，想到論文就有一種見不得天日的無力感。現在天一亮就跳身起床煮咖啡做早餐，恨不得時間多一點，因為有這麼多東西要學！除了上課以外，我自己猛K飲食文化史、食品化學、美食評論、大廚傳記……簡直比念研究所還要用功。

以前每次跟人家說我是念人類學的，得到的回應往往是：「好深奧哦！」口氣中夾雜著景仰、不解與同情。現在告訴別人我是個廚師，社交簡直無往不利——不管是哈佛學生，家庭主婦，乾洗店老闆還是水電工人，人人都表示高度興趣與善意。而當他們得知我放棄博士學位追求廚藝，幾乎大家的反應都是：「好極了！」老實說，我剛開始有一點驚訝，後來想想這畢竟是美國，求新求變與追逐夢想比堅忍不拔和光宗耀祖重要。再者近幾年來名廚的身價地位扶搖直上，會做菜忽然變成一種

很炫的技能，我能沾點光也不錯！

廚房裡的田野筆記

結構主義人類學宗師李維史陀（Claude Lévi-Strauss）有句名言，說食物不只「好吃」，也「好想」，這觀點光從字面上看來我就再同意不過，因為我的確無時無刻不在想吃的——吃什麼，怎麼吃，跟誰吃……不過大學者想的比較嚴肅，他把飲食看作是自然與文化之間的聯繫樞紐，從冷到熱，從生到熟，烹飪的過程就是把自然的原料轉化為可食可口，具社會與文化意義的餐飲。姑且不談他之後愈加深奧的二元分類與文化結構闡析，我對於這個「烹飪介於自然與文化之間」的媒介角色特別鍾情，對於廚藝專業的內部結構、餐飲趨勢的變遷與社會意義等課題也格外好奇。

說實在的，我常常把自己在廚房裡的工作當作文化人類學的田野調查。文化人類學聽起來很艱深，但說穿了只是去試著了解一個特定的族群是如何生活的——他們有什麼傳統的價值觀？他們關心什麼、流行什麼，又煩惱什麼？他們如何把自己的身分與其他的族群文化做區分？面對大環境的轉變他們如何應對？

這類問題通常不是三言兩語就能說清楚，問卷統計與抽樣訪談或許可以抓到一些大方向，但要真正了解一個族群文化的生活習慣，價值思考與內在邏輯，人類學者們認為唯一的方法就是親身長期融入研究對象的生活，一邊參與日常活動，一邊留意周遭的人事物，還要不時的反省自己的言行思考是否因為這些活動而有所改變。在研究調查的過程中，人類學者必須不斷的寫筆記，筆記的目的不是要分析什

麼，而是為了記錄新鮮的，或看似不太合理的事物，因為日久則習慣成自然，很多事情也就和當地人一樣見怪不怪，甚至看不到了。這些筆記往往充滿了有趣的小故事，筆調也比較輕鬆隨便，和研究結束後所需撰寫的學術論文風格天差地遠。以前我在課堂上讀民族誌時最喜歡看的就是這類偶爾穿插在嚴肅分析與文化理論之間的田野筆記。

我2006年9月開版的部落格——「廚房裡的人類學家」，其實也算是一卷網上的田野筆記。現在回頭看一些早期的篇幅，驚訝自己當初揉個酥皮麵團也緊張兮兮，站幾個小時就喊累，才發現兩年下來自己不只廚藝精進，思考也越來越像個廚子，就是人類學家說的，已經「土著化」了。這些筆記內容林林總總，有些談人物，有些談烹調技巧、食材特性，貫穿其間的主軸是我從一個愛做菜的研究生變成餐廳裡專業廚師的學習過程、所思所感。在此集結成書與大家分享，希望讀者透過文字也能感受到動刀玩火、烹魚割肉的樂趣，下回上餐廳吃飯時或許能想像一下

桌上的菜是怎樣一群人為你準備的。如果看了這些經驗還讓你想進廚房發揮一番，那就再好不過了。

在此特別感謝近三年來支持我的部落格讀者，你們的點閱、回應與鼓勵是我持續書寫的最大動力。感謝我在餐廳工作的所有同仁，我從你們身上學了太多太多。另外也感謝我的編輯群以及每位為本書專文推薦的前輩先進，能獲得你們的青睞我至今仍受寵若驚。還要謝謝Dana Yu、Janine Cheung、王循耀與徐仲，你們的攝影作品讓此書增色不少。最後要感謝爸爸媽媽，你們鼓勵我追尋理想，從不為我的人生設限。還有最親愛的Jim，因為有你在身旁，我什麼都不怕。

接下來的路要怎麼走呢？我想，廚藝的天地這麼大，田野調查看來得做一輩子，這回恐怕也畢不了業了！

I.
廚藝學校

01.
第一堂課

蘿伯塔大廚推推老花眼鏡開始點名：

「安柏‧雪兒？」

「有。」

「馬蓮娜‧哈維？」

「到了！」

「威廉‧克爾？」

「在。」

「噴…疵…粗…?」

　　我舉手說：「是 Tzu-i Chuang ，祖宜‧莊」，一聽到這種類似昆蟲叫的滋滋聲響就知道一定是在叫我。早該學乖取個英文名字，註冊組的人從來搞不清楚我到底是姓鍾、張，還是莊，要他們記得「祖宜」真是難為了。

　　還好其他人的名字都算平常。環顧坐滿了十個人的小教室，除了印尼來的馬蓮

娜和我以外，全是土生土長的美國人，三個男生七個女生，只有一個喬西剛從高中畢業不滿二十，其餘全是二三十來歲，一半以上是工作倦怠，決心轉行的。和我們一樣剛入學的新生總共有八個班。日間部的學生從早上八點上到下午四點，夜間部從下午四點上到午夜十二點，一週只要上兩整天加一個半天。因為時間安排頗有彈性，不少人保留原來的工作，半工半讀。我們班上的三個男生就是這樣，目前全在波士頓一帶的餐廳擔任全職廚師，為了加速升遷，來讀個學位，一下課就得趕回他們上班的餐廳為下一輪的晚餐做準備，精力與決心讓我大嘆不如。

蘿伯塔大廚是這所學校的創辦人兼校長，據說她一學期只接一班的課，沒想到就被我們碰上了，不知是幸還是不幸？點完名後，她解釋接下來的三個月是烹飪基礎（Food Basic）課程，每個單元以一類食材（如家禽、家畜、魚、貝）或特定的烹調方式（如燉煮、煎炒、燒烤）為主。每堂課的前一至二鐘頭在教室裡先聽理論講解，必要時大廚會在備有瓦斯爐的講台上做烹調示範。隔週有隨堂筆試，期中與期末有理論和實務大考。講課完畢才正式進入廚房演習，每個人從講義上分配一兩種菜演練，烹飪結束後要清洗所有的鍋碗瓢盆，消毒拖地後才可回家。

我忍不住問：「那這麼多菜誰吃呢？」我知道大型的烹飪學校常設有食堂或對外開放的餐廳，課堂上的成品通常就是送到那兒去，但這裡好像沒有附設的餐廳。

「誰吃？當然是我們吃！」

蘿伯塔進一步解釋：「在這裡，你們除了學習烹飪的理論與技巧之外，也需要

培養味覺的敏感度。沒有精準的味覺永遠不可能成為一個好廚師，而培養味覺的首要條件就是要多嘗試，只有這樣才能學會分辨菜的好壞，以及它為什麼好為什麼壞。所以不管你餓不餓，都有責任品嘗每位同學做的每一道菜。如果真的吃不完，我們會打包送給對面的消防隊。」

我翻一翻講義，差不多一堂課十道菜，每一道都是十人份，真是值回票價，只怕營養過剩，也怪不得學校對面的消防員都胖胖的。

蘿伯塔好像猜到大家在想什麼，她接著說這裡歷屆的學生每年體重平均增加四公斤。我看著她圓滾滾的水桶腰和雙下巴，再轉頭看看旁邊更渾圓的助教，開始了解這一行的「職業風險」何在。身材高大的黑人派區克搖起頭說不妙；坐在我旁邊的金髮莎莉很凝重的摸摸她背包上掛著的跑步鞋，好像已經開始盤算健身計畫；玲瓏有致的凱莉挺起她隔著粗硬廚師服都看得出曲線的豐胸，一副誰怕你的桀驁不馴。她的志向是要上電視教做菜，所以保持漂亮身材是很重要的，我後來注意到她大部分的食物都沒有碰。

「烹飪基礎」的第一堂課主題是雞蛋。大廚蘿伯塔從雞蛋的構造、營養成分，與化學性質講起。雞蛋若混入油脂會產生乳化作用，是美乃滋（mayonnaise）與荷蘭醬（hollandaise）的主要成分。但由於雞蛋在華氏180°也就是攝氏82°就會開始凝結，調製濃稠醬料時融化奶油的溫度必須要掌控好，否則乳化不成，反而做成一鍋油膩膩的炒蛋。蘿伯塔接著開始煞有介事的示範標準法式蛋卷（omelette）的作法。我本來心想，蛋卷就蛋卷嘛，哪有這麼了不起？但蘿伯塔解釋，法式烹飪

「mise-en-place」直接翻成英文是「put-in-place」，意思是把每一件需要的材料都切好準備好，用小碟小碗盛裝，和所有需要的工具一起擺在眼前，算是專業廚師的基本功。習慣成自然後，我在家做菜也依樣行事。

裡，蛋卷是基本功，很多餐廳大廚徵人的時候都會叫面試的廚師現場做個蛋卷，據說從選鍋子、打蛋、控制火候，到捲蛋起鍋的幾個動作就可以看出一個廚師的素質。標準蛋卷的做法有三：一是把鍋子向前傾斜20度，然後激烈的甩蛋，二是用叉子拚命的攪蛋，三是邊甩邊攪，為了吃個蛋搞得叮鈴哐啷的。

我後來回家參考茱莉雅・柴爾德的食譜，發現她圖文並茂洋洋灑灑的花了十二頁的篇幅解釋做蛋卷的技巧，還強調甩蛋必須要有「粗魯的勇氣」。如此粗魯的甩用是為了讓蛋汁能平均受熱，鍋底的部分一凝固就掀起，讓上層的蛋汁滑下去，這樣做好的蛋卷才會均勻細滑，而不是一層老皮包著一團半熟蛋漿。做蛋卷果真是很有學問的。

蘿伯塔示範完畢後隨手點了安娜上台演練，她選擇用邊甩邊攪的折衷辦法，甩得講台上星星點點全是蛋汁，起鍋時蛋卷支離破碎。安娜的出糗給我們的教訓是：

回家一定要好好練習。

　　進入廚房後，我們十個學生分成五組，每組負責一種菜式。我的同組夥伴是棕髮高個兒的安柏，她六月份剛辭去平面設計的工作，全心追求美食夢。我和安柏負責的菜是破殼的水波蛋加咖哩美乃滋醬，配上印度香米。正式動工前必須要做好法文所謂的「mise en place」，這直接翻成英文是「put in place」，意思是把每一件需要的材料都切好，用小碟子小碗裝起來，和所有需要用的工具一起擺在眼前，據說是專業廚師的一大要務。由於我們是第一次使用這個廚房，光是找東西就花了不少時間。我在約三坪大的冰窖裡翻箱倒櫃找食材，捧著十幾個蛋猛打哆嗦，深怕回頭打不開門會猝死其間。

　　這道菜最有意思的部分就是製作美乃滋。依照蘿伯塔的指示，我們把一整杯植物油一滴一滴的打入兩顆蛋黃裡，並用鹽、胡椒、芥末粉、檸檬汁調味。我和安柏輪番打蛋，還是搞得肩酸臂痛，但眼看沙拉油逐漸乳化成奶白色的美乃滋，好像變魔術一樣。兩顆蛋吸收一碗半的油，打出來的美乃滋分量多過超市裡買來的一整罐。最後再加入事先炒好的咖哩醬，辛辣中微帶檸檬酸香，味道跟台灣一般擠在竹筍或龍蝦上那種甜膩的「美乃滋」可說是天差地遠，讓我對美乃滋自此徹底改觀。

　　兩個小時內，五組同學負責的各種蛋類料理陸續上桌，煎烤炒煮都有。我們邊做邊吃，並討論有何應改進之處。老實說，每一道菜都做得還可以，但我吃了一肚子蛋真的有點受不了，還好最後又要拖地又要洗碗，稍微幫助消化。當晚回家，我給自己煮了一晚熱呼呼的湯麵，切點蔥花香菜灑點麻油。打個蛋嗎？就免了吧！

02.
派皮大有學問

第二週烘焙課的主題是pâte brisée，也就是派皮的意思。大廚黛柏拉告訴我們，派皮的做法雖不複雜，要做得好卻是出奇困難。做派皮最大的禁忌就是一加太多水，二揉麵太用力。水分和手勁是啟動「麵筋」的兩大關鍵。和了水的麵團越揉越有彈性，就是因為麵粉裡出了筋。筋一旦變強韌，派皮就會太硬。

黛柏拉是學校最知性的一位大廚，她大學念的是音樂，後來受神感召進入哈佛神學院，拿到碩士後又不知怎麼的發現烘焙才是她人生的志業。上黛柏拉的烘焙課，最大的好處就是，她會把眼睛看不到的那些物理或化學變化解釋得非常清楚，以做學問的精神探討烹飪背後的科學原理，讓我這種從來不敢做甜點的新手也能靠邏輯思考嘗試學習。

黛柏拉說，材料的溫度是派皮成功的另一大關鍵：麵筋遇高溫即茁壯，遇低溫即鬆弛。所以做派皮時舉凡麵粉、奶油、水、揉麵的平台和擀麵棍等等，都是越冰越好。手掌容易發熱的人建議最好先抱著一桶冰，以降低手溫。

這是在另一堂裡製作的奧地利式strudel派皮，薄如絲絹，需要好幾個人一起以拳頭拉扯麵團來製作（千萬不可以戴戒指！）。拉好的派皮刷上奶油後層層疊疊的包裹餡料即成酥脆的千層派。

此外，麵團裡奶油的顆粒大小也是重要考量，千萬不可以讓奶油全部融入麵團裡！奶油的顆粒越大，派皮就越酥。因為奶油顆粒在烤箱裡融化後會造成空隙，這時烤箱裡的蒸氣會推擠麵團去彌補空隙，形成一層層的酥薄麵皮。麻煩的是，奶油也能有效的阻絕麵粉和水的結合（因為油水不相容），進而抑制麵筋的形成。所以奶油越融於麵團，麵筋就越少，派皮也就越柔軟。既然顆粒大則酥，顆粒小則軟，如何在「酥」和「軟」之間找到平衡，是揉麵人的一大挑戰。

聽完黛柏拉的諸多警惕，我們戰戰兢兢的進入冷冰冰的廚房。第一個步驟是把奶油輕輕的用指尖捏入麵粉裡，直到揉成青豆般顆粒大小，接下來在麵粉中間挖個長條形坑道，一匙一匙的加入冰水，每加一次就用指尖輕輕挑起麵粉拌勻。水分沒有定量，誰能用最少的動作以最少的水把麵粉拌勻就是贏家。我們一群初學者如臨深淵，如履薄冰，手裡捏的彷彿不是麵團而是炸彈，而導火線就是那一條條逐漸成形茁壯的麵筋！

麵團一捏好就進冰箱冷卻（其實我們沒有人確定是不是捏好了），接下來的工作是製作派餡。當天我負責的菜單是法式鹹派（quiche），其他有人做牛肉派，也

裝飾水果塔。

水果塔成品

百里香牛肉派

　　有人做蘋果派或水果塔。跟烘焙派皮比起來，餡料的製作真是輕鬆多了，每一種材料和調味的多寡可由各人口味取決，稍有閃失也不會前功盡棄。我把圓滾滾的西洋茄子切片裹上麵包粉，煎得金黃酥脆，再加上新鮮番茄片與羅勒香料，平鋪在上了模型烤半熟的派皮上，最後倒入用鮮奶和雞蛋調製成的蛋汁，烤個30分鐘，奶蛋香撲鼻。

　　黛柏拉吃了一口我的鹹派，毫不猶豫的批評：「派皮太硬。」唉，想必我的指尖還是不夠靈巧，一肚子緊張的壓力都傳達到麵團裡去了。好在派餡甚為可口，所以

待入烤箱的法式鹹派

同學們很賞光，吃得乾乾淨淨。當天除了一個百里香牛肉派之外，所有的派皮經黛柏拉鑑賞都不合格。牛肉派的皮之所以特別酥嫩，是因為額外添加了高脂肪的酸奶油（sour cream），所以饕客們小心了：越酥的皮真的越油！

我的偶像茱莉雅‧柴爾德說，克服派皮障礙的唯一辦法就是不斷的練習，最好連續一星期每天做，家裡有什麼菜都包進派皮裡去烤，保證熟能生巧。我看接下來一星期，Jim要吃的派可多了。

03.
乾洗店裡學烹飪

　　早上，我把烹飪學校發的兩條黑白格子廚師褲送去附近的乾洗店修改長度。乾洗店的韓國老闆娘看了褲子一眼，問我：「你要去學做菜啊？」於是我們一面量褲長一面聊起烹飪學校的課程和費用。我順道問老闆娘這一帶有沒有像樣的韓國餐廳，老闆娘癟嘴回道：「我從不出門吃韓國菜。全波士頓的韓國餐廳沒有一家做的比我好！」她說不少嘗過她手藝的朋友、鄰居都央求她開班授課呢。

　　我告訴老闆娘如果哪天她真的開班，我也很想拜師，沒想到這麼一聊竟勾起了她好為人師的欲望。老闆娘說做韓國菜的原理很簡單，一通百通。「就拿開胃小菜來說吧，你只要會做涼拌菠菜，其他許多菜都大同小異。」我問她：「那你是怎麼做涼拌菠菜的呢？」老實說憑我的功力，哪有不會做涼拌菠菜的道理？但我覺得老闆娘很親切，又閒著沒事，所以姑且聽之。

　　老闆娘說：「最重要的就是煮菠菜的時間。洗好的菠菜一旦下了滾水，千萬不可以分心做別的事。你要看著鍋子數1到20，不是onetwothreefourfive……，

而是要慢慢地數 one …two…three…four…five……」，她非常認真的數給我看。
然後她說：「菠菜起鍋瀝乾後要迅速浸泡於冷水，這樣顏色才會好看！接下來要輕
輕地把水分擠乾，千萬不能太用力，也不能扭擠哦！至於調味的部分，很多人喜歡
加醬油，但醬油會破壞菠菜鮮綠的色澤，所以最好是撒鹽。 最後加點麻油和芝麻
粒，就很美味了。OK，今天的主題就是涼拌菠菜。」

　　老闆娘規定我這兩天回家一定要練習，拿褲子的時候再跟她報告成果。「以
後，我們每次學點別的。」她說。看來我得多找幾件衣服給她修改或乾洗了。

04.
刀工訓練

　　第一個星期的專題討論是「刀工」。大廚蒙堤首先為我們介紹桌上大大小小各式刀器——從屠宰、去骨、切魚、清腸至蔬菜雕刻樣樣俱全。短小精幹的蒙堤談起刀工，面容莊嚴而神聖，有如武林高手傳授心法，徒弟們若不能領會其中的精神奧妙，刀法是使不出來的。

　　蒙堤說：「我所代表的就是改變。今天你們走出教室之後，十之八九會不假思索地丟掉多年來使刀的壞習慣。」進入廚房後，第一件工作是選擇我們每個人之後必須貼身攜帶的專用刀。傳統法式大廚刀的刀身修長，刀刃略成圓弧，能在砧板表面上下滑動有如蹺蹺板。德國百年老店Wüsthof出廠的刀由高碳不鏽鋼鑄成，既堅且韌，拿在手上沉沉的。我的同學們個個人高馬大，大家幾乎毫不考慮就挑了十吋長的大刀，我個頭較小，選了一把八吋長的刀。蒙堤接下來指導我們正確的磨刀法。每個人開學時領取的工具袋裡都有一把Wüsthof出廠的鋼柱，正是所謂的磨刀鋼（Sharpening Steel）。我們效法蒙堤的示範，左手執磨刀鋼指向地面，右手持刀，刀刃呈20度角對準磨刀鋼迅速滑下——唰的一聲好像電影裡高手拔劍的

音效。這樣連續上下刷個三次，刀刃保證鋒利無比。平日保養還需要使用水平的磨刀石。蒙堤說：「塑刀者必塑其石。」（He who shapes the knife shapes the stone.）簡直就像個禪師！

　　蒙堤接著示範正確的拿刀方式，左手呈鷹爪扣住食材，刀面貼著指扣行進。首先練習切洋蔥：洋蔥從根部對切剖成兩半，平面貼著砧板，在半月拱起部位對著根部咚咚咚垂直下刀，然後再橫切兩三條水平線，最後對著滿身切痕但形狀完整的洋蔥再下刀，不消三十秒就變成整齊劃一的小丁！我們十幾個學生跟著練習，全新的刀鋒毫不費力的推拉劈斬，沒多久就切了好幾簍的洋蔥，而且仍舊耳聰目明，不流一滴辛辣淚水。接下來還練習切節瓜、胡蘿蔔、南瓜、馬鈴薯、洋菇……有的切絲切條（依粗細以法文分為julienne，allumette，batonnet），有的切小丁（由小到大分別為brunoises，petits dès，mirepoix）。蒙堤強調，刀鋒和砧板必須隨時保持清潔，「砧板要像教堂一樣——永遠窗明几淨」。

　　成山的碎蔬菜，下課後全部倒入隔壁教室的巨型湯鍋，為明天上課用的高湯做準備。回到家後我迫不及待的秀給Jim看我的專用刀和新學會的刀工，睡覺前忍不住切了一堆小黃瓜，然後很認真的磨磨刀。這下子切菜忽然變成一件非常有意思的事！幾個禮拜以後蒙堤還要給我們上屠宰課，不知到時候我是不是會迷上宰雞切肉呢？

隨身攜帶的刀具

05.
食雞的文明

做了兩個星期的雞蛋料理，加上烘焙課的泡芙與水果塔，我對雞蛋的厭惡已衝到最高點，再也不能忍受聞一整天的「奶蛋香」。還好上星期的課程是燉高湯，稍微有點緩衝作用，但總覺得只燉湯是隔靴搔癢，沒有煎煮炒炸的快感。好在從今天開始，我們正式進入肉類的烹調，從雞蛋晉升至雞肉。

蘿伯塔大廚在講台前掛了一張大海報，上半部是一排毛色、品種不同，有公有母的活雞圖片，下半部是一排拔了毛、沒頭沒腳，由小春雞到老母雞，依年歲體重分等的待烹全雞。她很仔細的解釋各式雞種適合的烹調方法以及雞農肉販常用的分類行話，我們在台下拚命抄筆記。

然後大廚忽然很嚴肅的說：「雞肉原本應是美味又健康的食物，可惜美國的雞都被大型養雞廠給毀了！」

原來大型養雞廠為了提高雞隻產量並降低價格，不斷進行品種篩選，終於發展

紮好待煎的雞肉卷。雞胸用刀背拍薄後鋪上餡料捲起來，再用棉繩細綁，一方面固定餡料，一方面調整雞卷的厚薄粗細，以確保烹調時受熱均勻。

青醬雞肉卷

出目前市面上最常見的廉價肉雞。這些雞隻生存的唯一目的就是快快長大，牠們動彈不得的擠在雞圈裡拚命的吃飼料，胸脯不成比例的肥大導致雙腳無力，不良於行，往往半身癱瘓在自己的糞便裡，很容易生爛瘡。好在牠們悲慘的一生並不長，短短六個星期，還沒正式發育就可以長成四磅重，準備進屠宰場。前往屠宰場的路程中，十幾隻雞塞進一個小籠子，驚惶失措之餘，牠們互相啃啄，原本沒病的也染了病。最後上到市面的雞肉，依2006年當季的消費者調查，高達83%含沙門氏桿菌或唾液彎曲桿菌，不小心吃進肚子裡，輕則腹瀉，重可致命。

就連美國市面上所謂的有機雞隻都不一定好到哪裡去，根據柏克萊大學教授麥可‧波倫（Michael Pollan）在《到底要吃什麼？——速食、有機和自然野生食物的真相》（The Ominivore's Dilemma）一書裡的描述，「有機認證」的雞隻只不過吃的是有機飼料，在生活環境和飼養方式上與一般的肉雞不見得有太大的差異。美國農業部規定，標明「有機」的雞隻必須有機會「接觸青草地」（access to open pasture），所以有機雞農多半會在飼料廠的旁邊開一個小門，門外有青草藍天。但雞畢竟不是那麼有智慧的動物，看到成千上萬的同伴們都乖乖的在雞圈裡吃飼料，哪裡會特立獨行的穿越眾雞，跨過小門去享受青草藍天呢？

「真的，幾乎沒什麼食物比當今的飼料雞更髒了！」蘿伯塔再次強調。

為了確保衛生，她千叮嚀萬囑咐以下幾點：

1.買回家的雞肉若不立即烹煮，必須擺在冰箱的最下層，以免汁水細菌感染到其他的食物。

　　2.接觸過生雞的雙手，刀具和桌面都得徹底清潔殺菌。

　　3.雞肉一定要烹煮至全熟，內部溫度至少達攝氏70°（華氏160°），以確保細菌無法存活。

　　蘿伯塔接著說：「當然如果能買到真正的土雞是最好的，我記得小時候在鄉下親戚的家裡吃他們養的雞，那味道真香啊……」

　　這讓我想到兩年前，我陪指導教授去川滇邊境涼山彝族自治區的一個小村裡做田野調查。村裡的人為了歡迎這位為他們募款建小學的教授，紛紛熱情的邀請我們到家裡吃飯。涼山一帶是出了名的貧困，一個家庭年平均收入不到一千人民幣，賴以維生的除了山間一些貧瘠的玉米、蕎麥田以外，就是家家戶戶飼養的雞隻與山羊，非逢年過節不輕易宰食這些寶貴的牲畜。

　　但有訪客來臨大概比過節還稀奇吧！我們抵達的第一個晚上，村長就在小學裡設宴，殺了一隻雞。接下來的一個星期，我每天隨教授到幾戶人家訪談，往往一腳剛踏進土房子，女主人就會到門口選一隻比較壯碩的雞，當場把脖子扭斷。第一回把我嚇了一跳，差點哭著求她們別殺，但雞已經死了。接下來我們一面訪談，一群婆婆媽媽們就一面拔毛生火，在房子正中央的泥土地上烤起雞來。

這隻可憐的瘦雞由女主人現宰後，在火焰上烤至焦脆，陣陣肉香讓一家老小垂涎不已。

　　我是台北長大的小孩，在這之前從來沒看過人現場殺雞，更別說是為我而殺，而且是主人稀有的財產！我一方面感謝他們的款待，一方面惶恐反胃內疚不已，簡直無法下嚥。但這種情形一再發生，擋都擋不住，我與教授所到之處雞骸遍野，雞毛紛飛，很後悔當初沒有謊稱吃素。

　　離開涼山的前一天，我決意收為乾妹妹的女孩芳芳與她的爸爸鄭重的告訴我，要為我殺一頭羊餞行。天啊，一頭羊的價值相當於一個孩子小學六年的學費，萬萬不可！我非常嚴肅地告訴他們，我很感謝他們的心意，但謊稱我不吃羊肉，所以實在沒有理由為我殺羊。

　　「你真的不吃羊？」芳芳的爸爸問。

　　「我真的不吃羊。」

　　「好吧！那你不用擔心。」他臨走前這麼告訴我。

烤好的雞剔出骨頭又熬了一鍋湯，配上蕎麥饅頭與蔥花辣椒，是難得的豐盛大餐。

　　當天下午我睡了個午覺，醒來後幾個小朋友拖拖拉拉的把我帶到學校的廣場，廣場正中央架在火焰上的──正是一隻劈成兩半的羊──我看了差點昏倒！

「我不是告訴你們，我不吃羊嗎？」
「是啊！」芳芳說，「所以我們特別多為你殺了一隻雞，希望你喜歡。」

　　聽完蘿伯塔駭人聽聞的講課，我們戴上白帽圍裙，拿起刀子進廚房。這次輪到莎莉到採購部領食材，當她抬著一箱濕答答、滴著血水的雞隻走進廚房時，臉都白了。莎莉很凝重的告訴大廚，她身體不舒服，希望只負責今天的蔬食配菜。安娜本來就不喜歡吃肉，馬上說她願意協助莎莉，而且特別有興趣製作今天菜單上的無花果甜點。我們剩下的八個人別無選擇，兩人一組領取一隻雞，我一面清洗一面想像這隻雞短短六週悲慘的生命。我想若能選擇，牠一定寧可放棄源源不絕的飼料，去涼山貧瘠的山坡上找蟲吃吧，只要沒有教授和研究生來做訪談就好了！

06.
烈酒一定要喝完

　　星期一的烹飪基礎課由大廚史蒂芬代課，因為蘿伯塔去中國大陸參加美食團了。史蒂芬個子瘦高，面容嚴謹，講解起魚類的烹飪方式巨細靡遺，且不時用嗤之以鼻的口吻批評坊間廚師的愚昧。我們進了廚房，各自戰戰兢兢，深怕犯下任何錯誤，被他揪出來調侃。當天安娜除了煎比目魚以外，也負責甜點鳳梨派。她根據食譜小心翼翼地倒出兩湯匙的伏特加為鳳梨調味，卻見大廚狠狠的瞪了她一眼。史蒂芬說：「你犯了廚房一大禁忌：採購部如果送一瓶烈酒過來，你怎麼可以只用兩匙就送回去呢？這裡跟軍隊一樣，如果你配給品剩太多，下次他配給你的分量就會減少。」安娜惶恐的問：「那我該怎麼辦？」史蒂芬回答：「我看這個派裡面就加個22湯匙的伏特加，剩下的我們喝掉。」

　　當天的鳳梨派大受歡迎，每個人都一臉幸福微醺，捨不得跟史蒂芬說再見。

當天我負責的紐奧爾良式燉辣魚

龍蝦海鮮飯

由左到右：安娜、大廚史蒂芬、凱莉、莎莉、派區克、
喬西、安柏、馬蓮娜、威廉、助教喬，桌前方是酒香
濃濃的鳳梨派。

07.
屠宰課

之一

　　連續上了五個星期的食品衛生與疾病防禦講座之後，終於輪到了我又期待又害怕的屠宰課。當天我走進平常上專題討論的B廚房，眼見示範桌前站著的是個高大粗獷，從沒見過的大廚。我囁嚅的說：「我是來上蒙堤的課，大概走錯教室了。」高個子說：「走錯了就留下來吧，這樣人數剛剛好。」我心裡小小有點鬱卒，本來我因為特別仰慕蒙堤，費了好大的工夫要求轉到他的班上，結果又一不小心跌進了大廚東尼的屠宰班，身旁都是平日的同學，也罷。原來東尼在緬因州開了間口碑極佳的餐館兼度假旅店，名為Pilgrim's Inn，只有嚴寒的旅遊淡季才有空來學校兼課。我後來才發現他只有一條腿，另一條因嚴重風濕而截肢，不過裝著義肢的他卻健步如飛而且熱中滑雪，之前還在加勒比海的遊輪上做了多年的大廚。莎莉在我耳邊悄悄的說：「我覺得他很性感耶！」這也難怪啊，加勒比海來的獨腳大廚可不是到處都見得到的，只差眼罩和鸚鵡就可以拍電影了，有夠酷！

　　言歸正傳，當天課堂的主題是切雞，我很慶幸原來所謂的屠宰課不是從殺雞開

始。東尼首先在黑板上為我們圖解雞的生理構造，接著他拿出一隻清理好的雞，示範如何用最快速的方式把一隻雞卸成八塊（胸×2，小腿×2，大腿×2，翅×2）。他的刀法乾淨利落，所到之處骨肉分離，絲毫不費工夫。一位同學問他，如果不需要一面切雞一面講解，他切一隻雞需要多少時間？「大約18秒。」他說。

接下來他為我們示範如何去骨，採用所謂的「手套法」（glove method）。東尼把手從雞屁股一端伸進雞的腹腔，配合刀鋒柔軟的去骨刀，一根一根的拉出雞的背骨。接著他又從頸部開口處一一取出胸骨、肋骨，甚至翅骨和腿骨，最後只留下翅與腿末端短短的一小關節，以維持雞的形貌。完全去了骨的雞從外觀看來皮肉完好，只是軟趴趴的像洩了氣的球，讓人既憐憫又嘆為觀止。但這麼麻煩的去骨是為了什麼呢？原來老派的高檔法式餐館會在這樣的雞身裡塞上鵝肝、香草、絞肉等等好料。塞好的雞看來飽滿完好，切開來卻令人大呼驚奇，我看只有好吃成性又墮落奢靡的法國王公貴族想得出這招！

大廚示範完畢後輪我們移師工作台親手演練，學校很慷慨的給我們一人兩隻雞，一隻用來切八塊，一隻用手套法去骨。東尼特別警惕我們，如果宰雞中途看到血，那血絕對不是雞的。凱莉問道：「雞身上遍布的沙門氏桿菌會不會從傷口中進入人體血液？」東尼瞪她一眼說：「如果你心裡一直想著細菌，一定會受感染。好好尊敬你手上的雞就不會有事。」

八大塊切法並不難，我之前在烹雞課練習過，相較起來，手套法的挑戰性高多了。此技術名為手套法，其實沒有人戴手套，所謂的手套大概就是手上套著的雞

吧！我伸手入雞，摸來摸去都找不到關節，刀子刮來刮去也扯不出骨頭來。我身旁印尼來的馬蓮娜雖也是第一次宰雞卻身手非凡，刀刀正中要害，似乎對雞的內部構造有天生的領悟力。馬蓮娜一面靈活的刮肉去骨，一面哼著小曲，還好幾次轉頭對大家說：「這堂課我喜歡。」其實環顧廚房，大家看起來都很盡興。美美的安柏額頭上黏了一塊雞皮還笑呵呵；每個人的圍裙上都沾滿了骨髓和血水；莎朗、凱莉、派區克開始用雞肝和雞心練習投籃……我實在很想給大家照幾張相片，只是手上套著一隻雞，拿相機不太方便。

我費了好大一番工夫，還多虧了馬蓮娜（我們已改口稱她為「屠宰女神」）的指點，終於成功的清空了一隻雞，好感動啊！一隻四磅重的雞，去了骨頭竟然可以輕易的裝進15平方公分的塑膠扁袋裡。大廚東尼說我們可以把雞帶回家，醃過以後或煎或烤都好吃。我的無骨雞現在正泡在印度香料和優格醬裡，明天晚餐吃高檔的無骨烤全雞！

之二

這個星期屠宰課的主題是魚和貝類，東尼講解完海鮮的選購須知和儲存方式之後，首先拿出一盤新鮮的生蠔為我們示範如何開殼取蠔：他拿出一把小小的開蠔刀，往蠔殼較窄一端的縫隙一戳，再向上一提，殼就像罐頭一樣啵的一聲打開。殼裡的牡蠣光滑飽滿，浸泡在清清的海水中，東尼二話不說，舉殼呼嚕吞下，神情甚是陶醉。

接下來輪到我們親自演練。同學們一一到台前現學現賣，開殼吃蠔，看來不費

工夫。怎知輪到我的時候，手裡的生蠔卻怎麼樣也戳不開，我費勁掙扎了老半天，很無奈的把它還給大廚。沒想到這顆生蠔的生命力特強，大概縫口又被我破壞了一點，連大廚也打不開，最後不得已只好把上層的殼敲碎。破了殼的生蠔身形肥碩無比，引來一陣驚嘆，我看它意志如此堅強，實在不忍心吃下去，但眾目睽睽之下，如果就此退縮可能名譽不保。我把心一橫仰頭吞下，喉頭一股冰涼滑溜，有大海的滋味。

接下來練習切魚，包括刮鱗、清腸、切片、去皮。我們每人領了一隻圓身的鱸魚和一隻扁身的比目魚；身形不同，切片方式自然也不同。東尼告訴我們用手提魚的方式有兩種：一是從鰓縫裡抓，二是把手指尖勾在魚嘴巴裡，他說：「這樣子抓魚很穩當，方便隨身攜帶。」讓我不禁思量是在怎樣的情況下，需要隨身攜帶一條魚呢？

整個切魚過程中最駭人的就是清腸的步驟，一般從魚販或商店裡買來的魚都已經清好腸了，因為腸子容易腐壞，會影響魚肉的新鮮度。這次學校特別指定購買沒有清理過的魚，就是要給我們練習的機會。為了保持魚身完整以便塞料烹煮，我們不從腹部橫向切開，而是把刀戳進魚屁股（我這才知道魚還有屁股，就是腹鰭前端的一個小孔），然後伸進手指把裡頭軟趴趴的不明物體拚命往魚頭方向推。接下來掀開魚頰取鰓：新鮮的魚鰓鮮紅濕潤，呈扇狀皺褶，魚鰓取下後，我奉命伸手進魚肚，往外拉時先是看到自己血腥的手臂，接著吸哩呼嚕拉出一團團白白黃黃的東西，是什麼就別問了。此時正逢萬聖夜，這種開膛破肚的血腥場面可是其他派對都沒有的哦！

08.
餅乾的意義

　　我向來不嗜甜食，對餅乾尤其沒有興趣。有一次在烘焙課上無意間提到我從來沒烤過餅乾，沒想到震驚四座。

　　「You have NEVER BAKED COOKIES？!!」你的童年是怎麼過的？!我這才知道原來對大部分美國人來說，餅乾和童年有如此密不可分的關係。幾乎每個媽媽不管會不會做菜都會烤餅乾，而每個人小時候都有幫媽媽切餅乾或偷吃生麵團的經驗。放學後一杯冰牛奶配一塊餅乾是他們童年幸福的記憶（我放學後通常是買一包鹽酥雞或一碗蚵仔麵線）。

　　總之在我同學的眼裡看來，沒烤過餅乾簡直就像被褫奪童年一樣，甚至連人格都受到質疑。記得幾年前希拉蕊曾在受訪時說過：「我不是那種待在家裡烤餅乾的女人。」這一說引起軒然大波，有人為她的勇氣喝采，有人批評她歧視賢妻良母型的女性。沒想到我和希拉蕊一樣，不知不覺間透過餅乾發表了一番「政治性」言論！

莎巴雍甜酒蛋霜配各式小餅乾

榛子巧克力餅乾

杏仁卷心餅

瑪德蓮貝殼餅

　　為了彌補人格缺憾，我今天下午在家裡試做了一批義式杏仁卷心餅。對我的美國同學來說這大概不算是餅乾，但沒有辦法——我對那種厚厚圓圓，充滿了花生醬、巧克力碎片或燕麥片的美式餅乾完全提不起興趣（這種餅乾若有需要就讓 Jim 來做吧，畢竟我們的訂婚喜餅全都是他烤的）。我按照食譜拌好奶油麵團，擀成長方薄片再刷上加了蘭姆酒的杏桃果醬，撒上烤香切碎的杏仁，然後捲成長條形放入烤箱。烤好放涼後再切成二至三公分長的小段，只見中心一卷杏仁與果醬，煞是好看。陰雨綿綿的午後配上一杯泡沫綿密的卡布奇諾，別有一股歐風情調。沒有卡通、牛奶，和媽媽的叮嚀，我的杏仁卷心餅是另一種幸福的記憶。

09.
麵包瘋子

　　「麵包師傅都是瘋子！」（Bakers are nuts!），大廚黛柏拉為烤麵包如此開宗明義的下註。原來歐式傳統麵包的製作方式與味道大大有別於一般量產的麵包，前者皮脆耐嚼，內部蓬鬆濕濡有天然酵母香，後者則粉撲撲軟趴趴，味道單調又常含化學添加物。美國近年來在烘焙技術上有孺慕傳統的趨勢──東西兩岸的大都市紛紛開起所謂的「Artisan Bakery」，專做限量費時的歐式手工麵包，黛柏拉所謂的瘋子，就是這種回歸自然的手工麵包師傅。

　　傳統歐式麵包與一般麵包製作上最大的不同，就是酵母的應用。一般麵包用的是二十世紀才開始以化學方式生產的酵母粉，傳統麵包用的則是透過水果發酵養成的天然酵母麵種。麵種一旦養成等於可以生生不息，每次烤麵包只要取其中一部分來發麵，剩下的則定時餵養麵粉和水。麵種的年紀越大，味道越豐盈，而且每一團的味道都獨一無二。黛柏拉說，1906年舊金山發生大地震當時，一家麵包店的師傅冒險衝進失火的倉儲，為的就是搶救他悉心培育的老麵種，這團麵種在一百年後的今天還活著，是舊金山出了名的祖師級酸麵（sour dough）。

麵團在預熱過的鑄鐵鍋裡釋放水氣，烤出來的麵包皮特別薄脆，像是高級麵包店裡的歐式手工麵包。

出爐時間

大廚黛柏拉示範製作奶油特多，熱量超高的布里歐（Brioche）麵團。

空氣中的酵母種類成千上萬，每個地區都有特別的品種，因此在不同地區即使用相同的食譜，做出來的麵種和麵包也必然有口味上的差距。如果把舊金山的酸麵種帶到波士頓來，剛開始幾次發出來的麵可能還有點舊金山的味道，但不久之後麵種必然會本土化，烤出來的麵包會變得「很波士頓」。

由於烤麵包必須掌握種種天然的變因，經驗老到的師傅對空氣裡的溫濕度變化格外敏感。只要嗅一嗅空氣就知道當天的麵團要加多少水，水溫該多高，麵該發多久。這些麵包師傅出門度假常是為了體驗在不同的氣候環境下烤麵包的快樂，出門前還得找人幫忙餵養他們的老麵，跟養貓狗寵物差不多。

由於我們一堂課只有八小時，沒有辦法從培養天然酵母做起，也不能長時間低溫發酵。折衷的辦法，是用少量酵母粉先調製一個濕答答的小麵團，發酵三小時，算是個速成中種。我們烤了各式各樣的麵包，有些和入中種，有些則直接用酵母

待烤的迷迭香橄欖
小餐包

粉,成品一切開就看得見差別。只用酵母粉的麵包稍微乾一點,質地就像一般平價店裡買到的那樣,沒比較也覺得還可以;而那些加了中種的麵包(如我的迷迭香橄欖小餐包)內部則有較大的孔隙和光澤,咬起來可以感受到它的濕潤和彈性。沒想到一小步製作上的差異竟造成如此顯著的口感優劣,讓我非常急於體驗真正用老麵烤出來的麵包味道如何。

回家後我上網研究培養老麵種的歐包做法,無意中連結到《紐約時報》上一篇名為〈免揉麵包〉(No-Knead Bread))的文章★。這是紐約著名麵包師傅吉姆·李黑(Jim Lahey)的獨門傑作。李黑宣稱這麵包的質感一流,卻簡單到連四歲小孩都可以做。它的含水量高達85%,基本上是個麵糊,不可能也不需要揉,用手快速調勻以後擺在大約20℃的室溫下發酵18小時,讓麵筋自動在濕氣裡茁壯成形(記得黛柏拉說:水分和力道是啟動麵筋的兩大關鍵,這裡既然水分特多,不用出力揉麵也會產生筋度)。麵糊裡加入了極少量的酵母,長時間室溫發酵,就像培

麥穗麵包

育麵種一樣,只不過這次麵種不用調入新的麵團,直接拿來烤就好了。

更有意思的是,李黑建議把發酵好的麵團擺在鑄鐵鍋裡蓋起來烤,這個原因不難理解。在學校裡烤麵包時,我們會在烤箱裡加一塊石板預熱,用以穩定烤箱的溫度。麵團上了石板後,我們還要在箱底的烤盤裡倒一杯熱水以製造蒸氣,蒸氣會軟化麵團的表層,使它在受熱初期快速膨脹,烤出特別薄脆金黃的外皮。鑄鐵鍋導熱性與儲熱性都好,在烤箱裡預熱後穩定度不輸石板;麵團在加蓋的鐵鍋裡自行釋放水蒸氣,省了倒熱水的動作,一舉兩得。

我看到這個食譜時已經晚上十一點半了,本來早就睡眼迷濛,看完食譜卻精神一振,馬上進廚房和麵,不消兩分鐘就完成了。第二天早上一醒來,我就跑去廚房看麵團——充滿小氣泡的膨脹麵團感覺很有生命力,讓我愛不釋手,捨不得出門。下課回家五點鐘,麵團脹了三倍,我依照李黑的指示撒麵粉整形再二度發酵,然後丟進我心愛的鑄鐵鍋裡。二十分鐘後打開鍋蓋繼續烘烤上色,家裡開始飄起濃濃麵

新鮮麵包加上簡單一碗湯就能飽餐一頓。　　　　　　　番茄白豆湯

包香，再過二十分鐘取鍋出爐，麵包金黃渾圓，表層不規則的裂縫與白色乾麵粉看來很有田園風味。擺在鐵架上乘涼的麵包發出此起彼落的細碎爆破與收縮聲響，這是好麵包的徵兆，我貼著耳朵聽了好久，真是美妙的麵包樂章啊！稍微放涼後，我迫不及待的把麵包用鋸齒刀切開——啊，那表皮又薄又脆，裡頭坑坑洞洞鬆軟濕潤，甚至有點半透明的光澤，讓人很想擺在放大鏡底下欣賞。

最重要的是這麵包美味極了，果真不輸一流烘焙店裡剛出爐的麵包。配上一小碟橄欖油和烤大蒜、一盤新鮮蔬菜沙拉、一碗南瓜濃湯，皇帝也沒有我吃的好！晚餐後再和一盆麵，從此我可以做個快樂的瘋子，天天烤麵包。

★有興趣嘗試李黑食譜製作麵包的讀者可以瀏覽我的部落格，或上網查詢「免揉麵包」以及後來延伸出的「五分鐘歐式麵包」食譜。這方面的詳細討論與創意應用在網上炒得沸沸揚揚，一旦接觸很難不上癮。

10.
三星初體驗

✽ ✽ ✽

　　2006年耶誕假期去德國探訪姊姊一家人，受邀至全國數一數二的Vendome餐廳用餐。Vendome位於科隆近郊一家著名的巴洛克式城堡酒店，氣派典雅非凡。2005年僅三十歲的主廚瓦金・維思勒（Joachim Wissler）被高勒米歐（Gault Millau）餐飲指南評鑑為德國年度最佳大廚，隨後又摘下了米其林（Michelin）三星的全球頂級榮譽，從此聲名大噪，一座難求。姊姊與姊夫因為住得不遠，多年前在餐廳的草創期間，即已有幸品嘗了維思勒的手藝且大呼驚豔，這次為了宴請我和 Jim，他們早在去年十月就訂了位。這對研習廚藝不滿半年的我來說，真是求之不得的觀摩機會！

　　當晚我們點的是主廚推薦的套餐，總共六道菜。可惜菜單上的德文我完全看不懂，但是來到這種地方，我很情願放棄自主選擇的權利。如果維思勒要給我吃稻草，我只會很好奇他要怎麼做。菜剛點完，廚房就連續送來三道主廚招待的amuse-bouche，意思是「討嘴巴開心」的小菜，通常是高級餐廳用來歡迎客人的見面禮。這三道小菜的調味基底很明顯的為當晚的套餐定了調——蘋果泡沫、帕馬

森乳酪雪花、番茄凍。我這才知道原來維思勒也喜歡玩當今美食界叱吒風雲的「分子美食」（Molecular Gastronomy）。分子美食講究把科學實驗的精神帶入廚房，烹飪的過程中往往使用精密儀器來創造前所未有的視覺與口感，比如用離心旋轉器提煉精純無雜質的蔬果汁液，或是用液態氮急速冷凍煙熏的氣味等等。最後氣體變成固體，固體變成液體，液體變成泡沫——大舉推翻常態以挑戰感官。

分子美食學的仰慕者很多，但也有不少人批評它純為噱頭。正反兩面的看法我之前只在雜誌上讀到，親身嘗試後，我的感覺是如果純粹為了享受食物的美味，傳統的烹調方式不但綽綽有餘，更讓人有貼近自然的滿足感。畢竟一塊煎得香香的肉或青脆的蔬果比稍縱即逝的雪花或泡沫來得有分量。話雖這麼說，維思勒的雪花與泡沫別有一股震撼感官的力量。雖然它們口感縹緲，味道卻極度深遠濃烈，久久不散，好像是在品嘗食物的精神所在。加州名廚湯馬斯‧凱勒（Thomas Keller）曾在受訪時說過，喝一碗他煮的蔬菜湯勝過吃數十個同種的蔬菜，因為他的湯是由大量蔬菜一煮再煮提煉出來的精華，連顏色都加倍鮮豔——青豆湯比青豆還綠，番茄湯比番茄還紅。在Vendome吃飯就有這種感覺，每一口都是新的領悟：「啊，原來蘑菇可以這麼香，火腿可以這麼鮮！」

當天套餐裡的第三道菜由服務生為我翻譯為「松露蛋蜜汁」（Truffle Eggnog）。它裝在一個寬口玻璃杯裡，最底下兩公分是鮮綠色、以火腿高湯打成的菠菜泥，中層是約六、七公分的蘑菇湯泡沫與一顆生蛋黃，最上面爽快的削了一大疊薄如紙片的新鮮黑松露。服務生建議我們湯匙由杯底挖起，最好一口吃到三層。我們四個人同時伸匙入杯，舉匙入口，然後不知道怎麼搞的，四個人同聲吃吃

的笑了起來，好像小女生看到心上人，笑個不停又有點難為情。

其實我至今仍然搞不清楚當時到底是怎麼回事，只記得一口濃滑汁液進入嘴裡，好像先前沒用過的味蕾全張開了，那種震撼的感覺有如當頭棒喝。

我猜想這杯松露蛋蜜汁濃縮了極高純度的天然「鮮味」（Umami）。二十世紀初日本化學家池田菊苗發現，許多鮮味十足的食物如香菇、海帶、番茄與乳酪都富含穀氨酸納，他因此設法提煉出純粹的穀氨酸納，也就是所謂的味精。人工製造的味精由於濃度太高，吸收太快，常常引起過敏性反應。西方社會普遍反對使用味精，但近幾年也開始重視天然鮮味的應用，甚至稱鮮味為酸甜苦鹹之外的「第五味」。我們吃的那一小杯松露蛋蜜汁內有松露、蘑菇與火腿（很可能也有一些乳酪），都是富含天然鮮味的食材。經過大廚維思勒的濃縮再濃縮，難怪鮮的不可言喻。至於它為什麼會讓我們笑個不停就很難說了。「極度鮮味會引發不自主傻笑？」這可能是個科學研究的題材。

當晚還吃了很多令人難忘的食物，有疊得高高卻一觸即飄散盤中的鵝肝雪花、形狀完美的生蠔、香脆滑嫩的烤乳豬、神奇不坍塌的巧克力舒芙禮……每一道菜都是精雕細琢。蔬菜丁硬是工工整整的五公釐見方；小牛高湯濃縮而成的湯膏醬汁（demi-glace）色澤濃郁，毫無雜質；滴在干貝薄片上的羅勒油比春天樹上的新芽還要綠。我終於了解什麼叫作米其林三星的頂級饗宴：這不只是吃的好，這是見證完美。我滿懷感激又誠惶誠恐的吃下最後一口，心想這樣的功力不知要練到何年何月啊？

11.
廚房裡的派對

　　學校的佈告欄上偶爾會張貼校外餐廳急徵人手的實習機會，算是利益往來：餐廳可以獲得免費的短期勞工，學生們也有機會親身體驗專業廚房的步調。我一直很想去餐廳工作，但在課業與家庭之外無法排出適當的時間，所以對這種臨時差事特別感興趣。前幾天下課時剛好看到一間城中知名餐廳的大廚——路易·迪比卡立（Louie DiBiccari）在找人手，為他即將舉辦的大型派對幫忙。路易甫獲《波士頓》雜誌評選為城中最佳青年主廚，當紅的他打鐵趁熱，定期開辦「料理鐵人」之夜，邀請波城的時尚男女上網投票決定當晚餐飲的主題與食材。投票結果在派對當天公佈，路易有半天的時間設計菜單，並為數百位網上報名的賓客準備晚餐。派對的地點不定，這次選在波士頓大學附近的一家時髦酒吧。由於賓客人數超過三百，廚房人手不足，大廚路易只好聯絡我的學校，決心動用免費的菜鳥勞工。

　　星期天下午，我穿著廚師服，拎著刀具走進空蕩蕩的酒吧，看到吧台旁站了幾個人，於是上前自我介紹。一位瘦臉蒼白，戴粗框眼鏡，看起來像是搞獨立製片或另類樂團模樣的男生告訴我，他就是路易。他上下打量了我兩眼，癟嘴對旁邊幾個

人笑道:「還真的穿格子褲咧,很專業喔!」我這才發現他們都穿牛仔褲,忽然覺得自己遜斃了。

　　我走進廚房時,一位梳著天藍色恐龍頭的師傅正在清理成箱的羊腿,同時跟著收音機高唱賽門與葛芬柯(Simon & Garfunkel)的〈Mrs. Robinson〉,靠近門邊的一個師傅全身包滿了垃圾袋,兩手抓著剖開的番石榴,紅豔豔的汁水四處橫流。大廚路易告訴我,當天投票中選的主題地區是埃及,指定食材包括羊肉、火腿、蘋果、核桃。他決定把羊腿去骨劈開後包上大蒜、迷迭香與黑橄欖燒烤,搭配杏仁碎片和鹽漬金桔。火腿烘烤後切薄片,淋上蜂蜜石榴醬。主食是北非式的庫斯庫斯(couscous)★配多種香料與葡萄乾;沙拉是芝麻菜(arugula)和羊齒菜(frisée)配麵包丁;甜點是中東式的千層薄餅(filo)包蘋果、瑪思卡波尼乳酪和焦糖核桃。我猜想埃及人大概看不出這些菜「埃及」在哪裡(回教國家怎麼會吃火腿呢?),不過若純以北非和地中海為異國想像的座標,這些菜聽起來倒頗有豔陽下的綠洲情調。

　　接下來幾個小時,我切了一簍又一簍的金桔和蘋果。值得一提的是,當天我從頭到尾沒有看到任何人清洗蔬菜水果,一位師傅給我的理由是:「這些蔬果都是有機的啊!你乖乖的切菜就好了,別找麻煩。」如果學校裡的大廚看到我這麼做,一定會把我罵死。剛開始,我切菜的動作比較慢,切了兩箱以後速度逐漸加快,手腕似乎不需大腦掌控,可以獨立運作。我越切越得意,感覺自己已達到專業的水準。可能因為太自信也太大意了吧,切到最後一箱時,我一不小心剁到手指,鮮血直流,食指尖一塊肉差點掉了下來。

「歡迎來到廚師的世界！」藍色恐龍頭一面幫我包紮一面幸災樂禍的奸笑，大夥兒紛紛出示他們多年來累積的刀傷與燙傷疤痕。「小事一樁啦！不過你要有心理準備，這以後還會常常發生喔！」我手指雖痛，一種光榮的感覺卻油然而生。美國知名主廚安東尼‧波登（Anthony Bourdain）在他的書《廚房機密檔案》（Kitchen Confidential）裡提到，光滑無痕的玉手在廚房裡是沒有地位的。我的手本來就因寫字和彈吉他搞得厚繭斑斑，現在少塊肉多個疤，算是跟天下的廚師「歃血結盟」了！

當晚我們總共做了三百多人份的自助式晚餐，我除了切菜、醃桔子，也幫忙炒麵包屑，並戴著手套搓攪一盆又一盆的蒸庫斯庫斯和香料。等我收起刀、擦了汗，從廚房裡忙完出來時，穿著時髦的俊男美女多已呈半醉狀態，擺盪於舞池與酒吧之間。我們幾個廚師卸下圍裙，一起到吧台邊叫了一輪啤酒。依我看來，這廚房裡的派對比廚房外的有意思多了。

★couscous呈黃色小顆粒狀，形似中國北方人吃的小米，但其實是用筋性高的杜蘭小麥粉（durum wheat）加水搓成的迷你麵疙瘩，用以蒸食，在北非與中東一帶都很普遍。

12.
道地義大利

義大利來的客座大廚亞歷珊卓（Alessandra Buglioni di Monale）今天為我們示範怎樣「正確」的煮義大利麵。同是義大利人，從米蘭移民美國已二十年的羅薩里歐大廚擔任她的翻譯，負責把義大利文翻成聽起來像義大利文的英文。

「煮麵要用大量的水，愈多愈好，隨時保持滾燙。水不夠多，下麵時水溫下降太快，煮出來的麵不好吃。」亞歷珊卓在示範桌前擺了一個超大的湯鍋，上課前就開始煮的水終於開了。

「下麵前，水裡要加鹽，大量的鹽，讓煮麵的水像海水一樣鹹。」亞歷珊卓邊說邊拿起一罐昂貴的海鹽，撲撲撲倒了半罐進去。

「麵的分量不需太多，一個人80克剛剛好。」她投入一小束Linguini扁麵進大鍋中，沸騰的滾水稍微沉息了一秒，馬上又翻滾起來。

羅薩里歐翻譯之餘忍不住加了一句：「我們幾十年來不斷的教育美國人，麵是Primo──主菜的第一部分，吃完了還有第二部分Secundo，所以一下子不要吃

這麼多麵，但這個國家怎麼都學不會！」亞歷珊卓顯然聽懂了這部分的英文，很同情的看著羅薩里歐。

她隨後解釋「Al Dente」的重要性：麵必須煮到沒有生麵粉的味道，但又不軟爛，那個咬起來彈牙的熟度稍縱即逝，唯一掌控的方法就是試吃。說著說著她把光溜溜的手伸進滾沸的鍋中，掏出一條麵送入嘴裡……「大概還要兩分鐘。」看得我們目瞪口呆。

亞歷珊卓接著告訴我們，煮好的麵調了醬一定要馬上吃，稍等一下口感與溫濕度就不對了。在她位於皮蒙特的祖傳餐廳裡，就算一整桌客人都點一樣的麵，她也頂多一次煮三、四份，每做好一盤送上一盤，而且規定客人要馬上吃，千萬不可以等全桌的麵到齊了才開動。如果客人反對，她會建議他們不要點麵。

這麼一說顯然踢中羅薩里歐的痛處，他說：「你們看，美國的餐廳就是不懂得

用餐時間大家輪流用義北特有的葛羅拉（Grolla）
多嘴酒壺喝 Grappa 烈酒。

用手搖壓麵機製作義大利麵。

尊重義大利麵！」他解釋一般的餐廳為了方便省時，都事先把麵條煮了半熟，有人點菜再煮個幾分鐘，口感當然打折扣。煮好的麵如果馬上盛盤上菜也就罷了，偏偏這裡的廚師講究擺盤，麵條扭來扭去還要像插花一樣的整理盤飾，看得羅薩里歐急死了。他憤慨的說：「我無法忍受看美國人煮麵。」

　　一位同學舉手問，「波士頓地區有這麼多義大利餐廳，你認為有哪幾家的麵條做得夠水準呢？」羅薩里歐回答：「在我看來沒有一家是夠水準的，要吃義大利麵最好在家自己煮，出門還是吃壽司比較好。」亞歷珊卓在旁邊點點頭，破例轉用腔調濃重的英文直接說：「我來波士頓三天了，每天都是吃壽司。」

　　英國電視名廚傑米‧奧利弗（Jamie Oliver）在他2005年出版的義大利食譜序言裡說，他愛死了義大利，而且很認真的考慮將來要搬去定居，但他不得不承認義大利人有時真是固執的讓人受不了。他們在飲食上不喜歡創新，任何跟媽媽的菜做法不一樣的都是錯的，往往連品嘗一下都不願意。這點我在亞歷珊卓身上完全

見識到：她做起菜來很有規矩，南瓜一定配鼠尾草，雞肝一定炒洋蔥，燉牛肉一定要用義大利北部出產的巴洛羅（Barolo）紅酒。看她抓起一瓶自家酒莊限量釀造，市價少說50美金的巴洛羅咕嚕咕嚕的倒進鍋中，我心裡一陣抽搐。好奢侈，好大的氣魄啊！前不久剛看完比爾‧布福特（Bill Buford）的新書《煉獄廚房食習日記》（Heat），其中談到他在紐約著名的義大利餐廳Babbo實習時，發現招牌菜「巴洛羅紅酒炆牛肉」並沒有加入名貴的巴洛羅，而是用加州便宜的桶裝酒，但燉出來味道也很好。我把這件事告訴亞歷珊卓，她兩隻小鹿般的眼睛在瘦臉上瞪得更大，非常激動的回答：「Never in Italia!」我順便問她在餐廳裡是否也嘗試一些創新的菜式，她很驕傲的說：「不，我們非常純正傳統，絕對不會抄捷徑或偷工減料！」

說來也難怪，亞歷珊卓來自義大利北部的皮蒙特地區，那裡不只是大名鼎鼎的巴洛羅紅酒與白松露的家鄉，也是國際慢食運動的發源地。慢食運動抵制全球化市場下制式的速食文化，致力保護與推廣每個地區特有的農產作物與飲食傳統。他們認為所有的食品只有用最傳統自然的製造方式才能保證品質，也只有當地盛產的季節最新鮮美味，所以只要支持在地飲食，跟著季節走，人們不但吃的好，吃的健康，也能保護本地的環境、經濟與傳統文化，一舉數得。這種慢食精神在皮蒙特地區早已貴為民間信仰，推廣多年下來也貫徹義大利全國大小城鎮。我們在學校研習義大利地方菜的時候，除了烹飪技巧以外，另一大重點是認識各地特有名產，多半是有政府DOP（Denominazione d'Origine Protetta）認證，確保產地出處與採用傳統製造方式的農作物與食品。比如正宗的水牛瑪芝瑞拉乳酪（Mozzarella di Bufala）一定來自南方的坎帕尼雅，帕米吉安諾-雷吉安諾乳酪（Parmigiano-Reggiano）非得來自中部的帕瑪和雷吉歐一帶，鮮紅細長的聖馬參諾番茄（San

手工菠菜麵條

Marzano）僅出於維蘇威山腳下的火山土壤……總之特定人文地質孕育出的口味就是不一樣。我一個月下來試吃了無數的乳酪、乾肉、橄欖油，每天腦子裡環繞的字眼不外乎是Pecorino、Taleggio、Mortadella、Culatello……雖然為了考試背得很辛苦，但越吃越上癮，開始睥睨別處掛名的仿製品，也越來越佩服義大利人對傳統飲食的執著。

　　由於材料講究新鮮純正，義大利菜通常不需要太繁複的作工，能夠原汁原味的呈現最好：一片帕瑪火腿配上一彎蜜瓜，番茄和水牛乳酪滴上初榨的橄欖油，蔬菜和白豆煮一鍋湯，大蒜辣椒炒一盤麵，一塊肉綁上大把迷迭香直接火烤……這種簡單的作風給人一種親近自然的快感，一頓飯輕輕鬆鬆的做完，大碟大碗的沿桌分食，別有情趣。唯一比較花時間的是製作新鮮義大利麵，不過一旦上手也不覺得特別麻煩。我現在每天沒事就揉一團兩人份的麵，然後依據亞歷珊卓的指示，擀麵切成Parpadelle、Tagliatelle，要不捏成小巧的貓耳朵Orechiette，或是包上菜泥乳酪或絞肉做Tortellini、Ravioli。捏麵的同時我會煮一大鍋水，撒一大把鹽，

南瓜麵疙瘩配培根與
鼠尾草

然後唱起歌來，覺得自己很有傳統美德，比那些吃速食、連鎖店披薩的人「高貴」
了幾百倍。

後記

　　由於亞歷珊卓平日面容嚴謹，又不時批評美國諸多不是，在波士頓的一個月期
間得罪了不少人，許多學校的大廚都認為她高傲冷漠（她對我倒是挺不錯的，大概
因為我上課喝她帶來的巴洛羅喝到醉倒，換得她噗哧一笑）。事隔半年，我讀了剛
出版的愛莉絲‧華特傳記（*Alice Waters and Chez Panisse*），其中作者以好幾頁的
篇幅談到幾年前，在美國被譽為慢食教母的愛莉絲在皮蒙特的一家古堡餐廳客座辦
席時，被該餐廳大廚，一位年輕纖瘦、大眼咕嚕的亞歷珊卓‧狄莫納利狠狠地冷落
了一番。我忍不住把頁數抄下來寄給學校的大廚們，想必他們看了會略感欣慰。如
果連愛莉絲‧華特都無法獲得亞歷珊卓的微笑，我們能在她身邊一起揉麵團應該要
很慶幸了吧。

13.
高貴的橢圓形

　　大學畢業那年，我在法國南部的蒙佩利爾（Montpellier）待了兩個月，白天上語文，晚上寄宿一個法國家庭裡。接待家庭的女主人碧翠思是個熱情好客的全職媽媽，和研究副熱帶農業的丈夫雨伯育養五個從九歲到十九歲的孩子，家裡隨時熱鬧非凡。我抵達的第一個晚上，他們一家七嘴八舌的把我請上長桌用餐，當晚的菜色我已經不記得了，只記得我學了四年的法文忽然受到空前的挑戰，四面來襲的問題我很多都沒聽懂，勉強回答了幾句，也因為思考動詞變化而支離破碎。傻笑之餘，我為了掩飾尷尬，也由於實在饑腸轆轆，只好拚命吃菜。晚餐持續了三小時我就連續吃了三小時，每添一次菜就引起全桌的歡騰贊許。

　　「好吃嗎？」碧翠思問。

　　「Très bon!」非常好吃，這個我會回答。

　　「你喜歡吃法國菜？」雨伯問。

　　「Oui!」喜歡。

　　「你最喜歡吃哪道法國菜？只要你說得出來，我都可以做給你吃。」碧翠思興高采烈的問。

橢圓的「可內樂」（quenelle）造形出自里昂地區的經典名菜，由河魚搗成泥做的「Quenelles de Brochet」，但在當今的廚房用語裡，可內樂一詞已獨立為法式餐飲中橢圓造形（也有人說是橄欖球形）的代名詞。照片中湯匙裡盛裝的是鵝肝慕思。圖片提供｜Dana Yu

老實說我那時什麼都不懂，粗略認識一點的法國菜也叫不出名字來，想了老半天終於擠出一個我覺得很法國的菜：「蝸牛！我喜歡吃烤蝸牛。」他們全家眼睛發亮，一副很驚訝的樣子。原來他們上一次接待的瑞士女生胃口很小而且只吃四隻腳的動物，讓這家人非常失望。「那好，明天我們就吃烤蝸牛，搭配其他勃艮地式的菜色和紅酒。」

就這樣，接下來我每天放學後，碧翠思都會準備不同地區的特色家常菜：巴斯克的香料燴雞、土魯司的香腸白豆、諾曼第的顛倒蘋果塔……我也很盡興的把所有的菜吃光光，靠食欲突破語言障礙，贏得全家人的認同。

有一天下課回家，我明顯的感受到這原本就很熱情的一家人散發出一股按捺不住的興奮，餐桌也擺得特別高雅，有銀器和鮮花。提早下班的雨伯對我透露：「今天我們要吃點特別的。」十二歲的雙胞胎女兒像芭蕾舞者一樣，昂首齊步的從廚房端出一個大銀盤，上面擺了一排橢圓球狀的白色不明物體，大廚碧翠思隨後現身，掀手一揮鞠躬宣佈：「白斑狗魚可內樂配小龍蝦醬」（Quenelles de Brochet Sauce Nantua）。

這到底是什麼東西呢？一家人又七嘴八舌的告訴我，「可內樂」是里昂地區的名菜，用當地盛產的一種多刺河魚做成，製作程序非常麻煩，一般的餐廳還吃不到。碧翠思出身里昂地區一個沒落貴族世家，從小由長輩那兒學得這道菜。這次看在我如此愛吃的份上，決心秀出當家絕活，讓我這個沒錢上餐館的窮學生見識一下凌駕平民美食之上的精緻大菜。

碧翠思的可內樂寬約五公分長約十公分，圓頭尖尾呈巨蛋橢圓，躺在我的盤中央，白膨膨水嫩嫩。一刀切下去左右顫動搖晃，裡面是慕斯質地，入口即化，僅有淡淡的鹹味，幾乎吃不出魚的味道。搭配的醬料呈粉橘色，非常鮮美，我多年後才了解，原來那是淡水小龍蝦連殼帶肉打碎，與奶油調和再過濾而成的工夫醬。但那時我不會做菜，他們的解釋又沒完全聽懂，哪能體會其中用心？眼看全家人一副陶醉模樣，桌邊傳來陣陣喔…啊…呻吟，我也有樣學樣的喔啊起來，不過心裡很納悶這到底有什麼了不起，幾口就沒了，還沒有飽欸！

　　十年後在課堂上我親自演練這道菜，終於了解這家人是怎樣款待我的，很後悔當時沒有呻吟得大聲一點。

　　我的工作台前堆滿了碗盆器具，每一樣都事前冰過，連刀鋒和砧板都是冷的，鮮奶油和雞蛋擺在一大盆冰塊上。首先要為新鮮鱸魚切片去骨（這裡沒有白斑狗魚），然後切成小丁，加入蛋白，用食物處理機打成泥（可以想見在沒有機器的古早年代這步驟有多麻煩）。接著我必須把魚泥一點一點的透過超小孔篩網刮刷過濾，直到清除所有雜質且毫無纖維為止。魚泥徹底冷藏降溫後盛入鋼碗擺在冰塊上，一匙一匙的加入鮮奶油以打蛋器打鬆，經過漫長的時程逐漸膨脹，變得綿密細白有如刮鬍霜。鮮奶油的用量沒得準，用得越多口感越鬆軟細緻，但若用過多則會在烹調時塌散，所以中途必須不時烹煮一小部分以檢測質感。別忘了，在這同時我還必須打爛半磅的小龍蝦做醬汁，中途還得拚命洗碗，簡直疲於奔命。

　　要把魚霜做成標準的可內樂蛋形需要兩支大湯匙。湯匙先泡過熱水，然後用一

支斜斜的刮起魚霜，冷冰冰的魚霜碰到熱湯匙會稍稍融化，使得接觸部位格外平滑。接著用兩支湯匙互刮，造成蛋形中央一道圓弧稜線，然後輕輕滑入微滾的水中，小火煮個十分鐘。照理說可內樂煮好了會自動浮起翻身，但我的偏偏不滾不動，原本光滑的表面也變得坑坑洞洞，起鍋後扁了一半，完全不像碧翠思做的那樣豐腴光潔。辛苦了半天做成這樣，盛盤後我連照片都懶得拍。

蘿伯塔對我的成品非常失望，但她也說：「算你走運，這道菜不包含在期末考的範圍裡，因為它的光輝年代早已過了，而且失敗率太高。現在除了在里昂的特殊餐館之外，很少地方吃得到。」

我眼眶一陣濕潤，身旁的莎莉很同情的拍拍我肩膀，大概以為我因為菜做壞了感到自慚。其實我慚愧的不是手藝，而是早早和碧翠思一家人斷了信息，現在法文忘得差不多了，要聯絡恐怕有點困難。我心裡對他們燃起一股強烈的思念，夾雜著悔恨與遲來的感激。

話說經典的可內樂現在雖然很少地方吃得到，但它高貴的形象在法式餐飲裡早已根深柢固。如果你問大部分的廚師什麼是可內樂，他們不會談魚霜和蛋白奶油，而會解釋這是一種橢圓的造形，特別適合用來呈現蔬菜泥和冰淇淋。在高級餐廳裡，可內樂是一種符號，代表大廚的法式訓練與經典傳承。不識趣的人看橢圓形的冰淇淋覺得怪裡怪氣，好像是圓形融化了拖成長條，但對我們這些受過法式廚藝洗腦的人來說，圓形登不上檯面，要橢圓的才高貴啊！

用泡過熱水的湯匙
舀起覆盆子冰沙，
冷熱交替使得冰沙
接觸面稍稍融化，
格外平滑。圖片提
供｜Dana Yu

三色冰沙可內樂。圖片提供｜Dana Yu

茄子泥前菜也以可內樂造型呈現。圖片提供｜Dana Yu

14.
一碗清湯

今天，我做了生平第一碗 Consommé（發音似「空所美」）。別看它只是一碗清湯，這法式清湯耗材耗力，費了我好大一番工夫。一碗好的法式清湯要先從好的高湯做起，我在幾天前的「經典法式料理課」中首先剔出一整隻鴨的骨頭，把鴨骨和小牛骨敲碎，加入洋蔥、胡蘿蔔、芹菜一起烤到金黃，然後加水與大把新鮮香草，以小火燉個半天，中間不斷撇除浮末，直到骨酥肉爛，湯鮮味濃。過濾後整鍋放進冰箱，第二天取出時，湯水已結成果凍狀，表示骨頭裡的膠質完整釋出。這時再把上面一層凝固的浮油撇得乾乾淨淨，至此是法式清湯的前置作業。

接下來的步驟是「淨化」——徹底去蕪存菁。法式清湯的成敗就在於此，如果高湯的油沒有撇清，或是執行淨化時水溫沒有控制好，很可能前功盡棄。大廚蘿伯塔命令我絞碎半磅的牛肉與番茄，加上四個蛋白和碎蛋殼，調成一大碗令人作嘔的黏稠肉糊。我把肉糊倒入微溫的高湯裡開始緩慢加熱，心裡隱隱作痛，很難想像這一團看似餿水的東西不會毀了我費盡心血熬成的高湯。我奉命拿著打蛋器不斷地攪拌湯水，目的是避免蛋白沉澱至鍋底而燒焦。大約十五分鐘後高湯終於煮開了，我

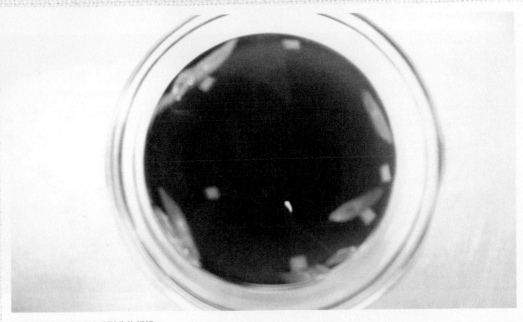

清澈的鴨骨湯中可以看到我的相機。

停止攪拌，全班都圍上來。蘿伯塔說：「讓我們看看你的造化。」

大夥屏氣凝神幾秒鐘，忽地看見肉糊與碎蛋殼開始衝至湯水表層，黏滿了不知哪兒來的灰色殘渣，像閣樓裡滿佈蛛網灰塵的牆角一樣污穢。殘渣越滾越厚，顏色越來越灰，然後就像摩西分隔紅海一樣，忽然從中裂開。我們引頸圍鍋，朝裂縫底下瞧，你猜如何？底下的高湯是：晶．盈．剔．透！照理說，在一加侖的清湯底下擺一個十分錢的硬幣，都可以清楚看到人頭。

我把清澈的湯從灰色裂縫中一勺一勺的舀出來，倒入鋪了四層棉布的錐形濾網，務求濾掉最後一滴的頑固雜質。這錐形濾網名叫Chinois，在法文裡就是「中國人」的意思，取意中國農夫常戴的斗笠形狀。透過斗笠網滲出的湯汁就像濾泡式咖啡一樣，一次只滲出一滴，滴滴茶色透明，又因鴨骨與小牛骨燉出的膠質而顯

淨化法式清湯的過程。圖片提供｜Dana Yu

首先把雞蛋肉糊倒入冷高湯，開始小火加熱，持續攪拌。　　湯燒開後，雜質逐漸浮至鍋面，愈滾愈厚。

得質地濃稠，看似一汪琥珀。等了大半個時辰終於滴完一鍋湯，但透明的清湯表層還漂著幾滴浮油，是淨化湯汁用的肉糊所含帶的少量油脂，也必須撇清。我用紗布包著冰塊輕輕觸碰湯面，油脂立刻沾附凝結於紗布，幾番來回已純淨無瑕。湯水再加熱後以法國來的馬德拉酒（Madeira）提味，注入玻璃碗中。我事前已準備好一些切得細小整齊且略微燙過的蔬菜，撒入碗中載浮載沉，更彰顯湯水的透明。

大費周章就是為了這麼幾碗清澈的骨頭湯，幾口就喝完了，有一種很奢侈的感覺。這湯的確精純可口，但當今世上已很少有餐廳提供真正的法式清湯了。畢竟有多少廚師願意花這種時間，又有多少人懂得欣賞一碗清湯呢？

回家後我特別查看烹調理論大師哈洛・馬基（Harold McGee）被譽為廚房

隨後雜質自動從中裂開，底下的湯澄清透明。　　舀出來的湯必須再倒入鋪了棉布的錐形濾網，徹底過濾頑固雜質。

科學聖經的鉅著《On Food and Cooking》，想了解蛋白、蛋殼與肉末為何可用來過濾肉湯。原來雞蛋與肉末裡的蛋白質在小火裡逐漸凝固後，會在湯的表層形成一個細緻的網狀蛋白質結構，煮開的湯水上下渦漩流動，細小的雜質到了表層遇網即沾，從內部自行過濾。馬基談畢法式清湯後在頁底的註腳提到，中國菜裡也有類似的清湯做法，但用來過濾雜質的材料不是蛋白與額外的肉末，而是把用來煮湯的肉剁成泥，重新回鍋進行淨化，效果也雷同。我上網查詢，發現最具代表性的中式清湯是川菜系裡的宴客名菜──開水白菜。名為「開水」是因為湯清如水，但其實這湯是由老母雞、老母鴨、雲南火腿、排骨與干貝熬成的上湯，再用燉爛的雞鴨胸肉打成茸，回鍋過濾而成的。白菜心氽燙漂涼後漂浮於「開水」間，呈盤時湯清菜白，與一般川菜的紅油重辣相形對比，用來宴客不知是顯示主人的內斂還是幽默，「不好意思，今天沒準備什麼，只有開水燙點白菜……」

15.
廚房裡流行什麼？

　　標準廚師的制服很難看，除了雙排扣的白袍子稍微有點架式，其餘衣物配件皆以整齊清潔與行動方便為主，美觀並不列入考慮。黑白格子的廚師褲男女一式——高腰寬臀，前開襠下紮腿，穿起來圓滾滾的活像個小丑。配上學徒式的白色小扁帽（大廚才戴大高帽），除了貨真價實的俊男美女以外，平日得靠髮型修飾的中庸我輩皆頓時遜色。再加上幾個小時高溫油煙與蒸氣的薰陶，每個人都不免一臉油光，形貌狼狽。

　　但我最近發現不少人開始悄悄的改變造型——白色小扁帽變成素色三角頭巾，圍裙不掛在脖子上卻倒摺反綁腰際。女同學們紛紛到校外訂購低腰合身的格子褲，更時髦的還有小喇叭的剪裁或軍褲式的側邊口袋。我感覺好像回到高中時代，不管制服有多單調，教官抓得有多嚴，裙子就是要摺到膝蓋以上；襪子或長或短，鞋頭或尖或圓，都由當時的潮流決定。

　　總之每個環境都有自己的流行符號，微妙的區別外人不一定看得出來。我做了

八個月的廚師，慢慢開始了解廚師們流行什麼，廚房裡什麼叫作酷。昨天大廚蒙堤在「進階刀工」的課堂上傳授了我們一種最新的切菜方式，叫作back-cutting，中文應該可以稱為「拉切法」。拿刀時手腕持平，不像平日那樣上下抖動，而刀鋒完全不向前推，只往後拉。這樣使刀可以把香草切得細如鵝毛，而且完全不留壓痕、不失水分。根據蒙堤的說法，所謂的「雪紡切」（chiffonade），也就是把葉子捲起來切細絲的刀法已經過時了。在當今入流的餐廳裡「人人都在做拉切」！那口氣就像在說：「現在大家都有iPod了，你還在用MP3啊！」所以食客們請聽清楚：下次在餐廳裡看到粗於一釐米且稍有捲痕的羅勒葉，你可以很確定他們的廚師比較遜，因為像我們這樣酷的廚師都已經不搞雪紡，只做拉切了。

　　唉，別人聽嘻哈、買名牌、哈手機，我們綁頭巾切菜絲……

16.
名廚的教誨

2007年2月9日星期五當晚，當今全美公認第一的廚神湯馬斯・凱勒親手端給我一碗他煮的湯，並與我握手合照，有圖為證！這是繼我小學二年級崇拜楚留香，大學崇拜瓊斯基（Noam Chomsky）與鮑布・迪倫（Bob Dylan）以來，最嚴重的偶像崇拜。其實不只是我，幾乎所有的廚師談到凱勒都敬畏有如神明，能到他的餐廳The French Laundry工作簡直就像上名校，或是去頭號律師事務所工作一樣了不起。我曾在書上讀到，凱勒小時候在家裡負責洗廁所，媽媽要求他一定要洗得一塵不染，直到發亮為止。如今他做菜時總是以這種洗廁所的標準來鞭策自己，一切務求盡善盡美。我看完書當天就回家把廚房和廁所刷得乾乾淨淨。

我的好運還不僅止於和湯馬斯・凱勒握手。其實我會碰到凱勒就是因為在學校抽籤中獎，有幸和另外五位同學一起代表學校參加波士頓一年一度的美食慈善盛會——史賓那左拉美食展（Spinazzola）。當天城內所有稱得上名頭的餐廳都在會場設攤，每個攤位準備一道小分量的招牌菜。新英格蘭地區所有的廚藝學校亦在受邀之列，而且每個學校應主辦單位的安排，接受一位來訪名廚的指導。我們學校被安

排的是日裔美籍，目前定居夏威夷的名廚山口羅伊（Roy Yamaguchi），我們負責做的小點則是Roy's餐廳的招牌壽司：內含雪蟹、酪梨、蘆筍，上面一層火焰輕炙的松阪牛肉，配上小豆苗、蒜酥、松露油。兩種醬汁分別是芝麻味噌與鰻魚醬油。

　　Roy's餐廳是高檔的連鎖企業，它位於聖地牙哥與拉斯維加斯分店的兩位亞裔主廚大衛和羅林，一早就到學校來指導我們。大衛首先很嚴肅的說，今天我們的工作形同專業廚房的運作，務必一個口令一個動作。羅林看起來親切的多，一見到我就問：「你應該會煮飯吧？今天我們要做九百個壽司，請幫我洗24杯米。」我淘好米分批開始洗，洗到一半，大衛忽然氣沖沖對我說：「羅林有教你怎麼洗米嗎？」

　　我說：「嗯，沒有，但是他有看著我洗。」
　　「我的問題是：他-有-沒-有-教-你-洗-米？有或沒有？」
　　「沒有。」
　　「那你憑什麼逕自洗米？」

　　還好這時羅林跑來為我解圍，他說：「我看她洗米動作很正確，顯然是有經驗的。」這時我忽然很慶幸小時候在家裡常負責洗米。雖然還是不太了解大廚為何會因為洗米的動作而發飆。

　　我把洗好的米浸泡五分鐘再瀝乾，放在超大型托盤裡推進蒸氣爐25分鐘，然後把煮好的飯拿給兩位大廚品鑑。大衛吃了一口，挑起眉毛說：「這飯煮得還不錯。」從那時開始他似乎對我刮目相看，態度溫和多了。

與廚神湯馬斯‧凱勒合照。
雖然我姿態狼狽，
還是忍不住把照片拿出來炫耀。

與客座大廚羅林和大衛合照，
脖子上掛的獎牌是大會頒發的表現優異勳章。

神采飛揚的山口大廚（Roy Yamaguchi）

下午到了會場佈置攤位，見到山口大廚本人，他非常親切的稱讚我們捲壽司的技術，並且慷慨的邀請我們一群餓著肚子工作了一整天的學生們去附近的飯店用餐。餐間山口大廚與我們分享他的經歷與做人做菜的哲學。他拍拍胸脯說：「做菜要打從心底出發，做你真正想做的菜是非常愉快的事。」今年50歲的山口大廚生於日本，在美軍基地長大，從小受東西文化耳濡目染。19歲時至紐約州的美國餐飲學院（CIA）學習烹飪，畢業後在當時洛杉磯頂尖的法式餐廳L'Ermitage工作多年，學了一手精湛的法式廚藝，但總覺得這不是他最終想做的菜。1988年他在檀香山開了第一間Roy's餐廳，以歐式廚藝烹調日式食材，是最早期的「洋風和膳」。他說：「我本來想稱這種料理為法日菜（Franco-Japonaise），但又覺得太繞口，所以改稱它為歐亞菜（Euro-Asian），沒想到這個詞後來就流行起來了。」原來「Euro-Asian Cuisine」一詞就是他發明的啊！

　　山口大廚談起做菜的神情非常認真陶醉。為了創造一道理想的菜，他往往不惜等候數年，和夏威夷當地的農夫合作，改良蔬果品種或種植當地沒有的作物。目前研發成功的包括如棒球一般大小的渾圓生菜以及有花生香味的豆苗等等。談起他前一晚為美食展貴賓宴設計的一道新菜，他解釋得極為詳盡，幾乎每一個烹調環節與食材切割的形狀都沒有錯過。我的美國同學們似乎聽得一知半解，畢竟這些如黑鮪魚、安康魚肝、柚子、昆布、味霖、七味粉等食材在法式廚房裡是看不見的。我可以想像山口當年在紐約念書以及在法式餐廳工作時，偶爾一定會感到寂寞，因為每天精研別人的廚藝傳統，是很難打從心底感動的。看著眉飛色舞的山口大廚談起他「自己的菜」，我忽然覺得很有希望，有一天我也要做我的新／心中菜。

17.
中菜速成班

經過了數月密集的法義烹調訓練,終於等到我期待已久的亞洲菜課程。這部分的課程是學校在2000年才正式加入的,原因是歷屆畢業生入職場後普遍反應對非歐美系的食材不熟悉,趕不上當今流行的無國界Fusion風潮。為了順應市場潮流與全球化趨勢,我們這家固守波士頓,心繫大歐洲的廚藝學校終於承認西歐以東的飲食也有其價值與地位,另闢半個月課程,決心將亞洲菜一網打盡。

負責教我們班亞洲菜的大廚是占妮思,此人我久仰大名,聽別班同學描述,她精於經典法式料理,對那種現在很少人會做的繁複宮廷菜尤其在行。此外她聲如洪鐘,扮相駭人──一頭灰白的頭髮鬈曲高聳,而且每天都刷上超濃密的睫毛膏,眼瞼上下抹著一大圈銀白珠光,不知是不是仿效法國最有名的皇后瑪麗安東妮?我非常好奇她會怎麼教這系列的第一堂課:中國菜。

上課當天我早上八點準時進教室,見講台上鋪了塊紅布,擺了一排大大小小的英文中菜食譜,一個炒菜鍋,幾雙免洗筷,台邊還掛了一串中國城買來的大吉大利紙

除了西方料理，在家裡常做的還是中國菜。

忽遠忽近

So Close yet So Far

他們是如此地靠近，
卻又如此地遙遠。

the food of CHINA

尼思本人銀光閃閃，像一尊活

火鍋，清清喉嚨大吼一聲ㄌ一

老的中國。」（奇怪，為什麼

地圖上的河北省一指，大聲宣

看清楚，穿越中國北方的是

「喔！」她有點不好意思。「謝謝你點出來，我的確是一時眼花。總之我要告訴

過年期間請同學們
來家裡包水餃。

大家，中國北方和南方的飲食非常不同：北方以小麥為主，南方以米食為主。」

　　坐我後面的凱莉驚訝的說：「中國人也吃麥啊？他們不是沒有麵包嗎？我一直以為中國人只吃米耶！」（我心想大概有很多同胞會馬上反駁：「你以為義大利麵和比薩餅是哪裡傳來的？」）

　　占妮思接著說：「除了以小麥為主的麵食之外，中國北方最具特色的食物就是ㄏㄧㄡ·ㄍㄡ，家家戶戶都有一個ㄏㄧㄡ·ㄍㄡ。」

　　我暗自納悶，法國文豪倒是有個Hugo（雨果），前南斯拉夫也曾出產一種便宜車叫作Yugo，但兩樣都不是拿來吃的，也很難想像在中國北方那麼受歡迎。還好這時占妮思打開一本彩色食譜，照片裡是一只吃涮羊肉或酸菜白肉用的紫銅火鍋，我這才恍然大悟，原來是「火鍋」啊！

畢竟是立志做點心師傅的學生，擀餃子皮一學就上手。

課程講解就這樣摧枯拉朽的掃過中國各飲食派系，我根本不忍心聽，更提不起勁寫筆記。臨進廚房前我們打開講義檢視今天的菜單和食譜——包子、煎餃、蔥油餅、酸辣湯、宮保雞丁、麻婆豆腐、乾扁四季豆、魚香茄子、揚州炒飯、蔥薑蒸魚、素炒兩面黃、核桃馬拉糕。雖是南北家常大會串，總算不是「甜酸肉」和「湖南牛」之類的美式中菜。想想我們只有一堂課學中餐，京川粵滬通包也是難免的。

唯一的小問題是，講義上明明是包子的食譜竟然拼成jiaozi，餃子又寫成了baozi，顯然是編輯錯誤。我按捺不住又舉手告訴大家：包子是圓的，餃子是半月形的，這裡印反了必須修改。幾位同學翻翻白眼笑說：「沒差嘛，還不都是dumpling。」

唉，同樣是皮包餡的「Dumpling」，那為什麼義大利的Ravioli、Tortellini、Agnolotti要分得那麼清楚，還得考筆試呢？

堅持用手工皮
做的煎餃

　　再仔細一看食譜，餃子皮竟然是用現成冷凍的，這在學校裡可是從未見過的
狀況。我們平日所有的菜色都是從頭做起，除非是難以複製的地域性罐頭和醬
料，絕不使用半成品。我從小吃手工水餃長大，很難接受乾硬無筋的冷凍皮，所
以又鼓起勇氣問：「我們不自己揉麵擀皮嗎？」大廚說：「已經有冷凍皮了，那包
裝上清清楚楚的寫著是用來包餃子的。」

　　接下來一整天，我很識相的聽命行事。除了為大家分辨豆瓣醬和甜麵醬，鎮
江醋、麻油和紹興酒之外，幾乎都安安靜靜的在包餃子（也偷偷的擀了幾打手工
餃子皮）。我從旁聽見占妮思對正在切茄子的安柏說，魚香茄子是一道非常出色
的開胃前菜，類似希臘人的香料茄子泥，可以用來蘸薄餅冷食。她又告訴負責
製作素炒兩面黃的威廉，兩面黃的炸麵條就像法式的galette派皮，目的是用來
漂亮的盛裝上面的炒素菜，所以可以先炸好，擺涼了沒關係。觀望占妮思介紹中
菜，讓我想起迪士尼的卡通〈小美人魚〉裡，愛麗兒高歌一曲後興高采烈的抓起
一把海底沉船揀來的餐叉說：「啊，這是人類用來梳頭的！」

馬馬虎虎的天婦羅

一週後我碰到隔壁班的日本同學理惠，問她上了占妮思的日本料理課感覺怎樣？她說：「別提了，我痛苦的要死，來美國兩年還從沒這麼想家過！」這也難怪，占妮思在我們班試著用日文道早安時，竟說成「喔嗨嘍奧薩瑪」，不知是不是在台下看到了賓拉登（Osama bin Laden）？另外在她的美式發音下，握壽司（Nigiri）變成「奈及利壽司」，讓我差點誤以為是非洲式的日本菜。

老實說也實在難為占妮思了，她做了一輩子法國菜，卻忽然在沒有受訓的狀況下被學校安排教亞洲課程（只因她曾參加旅行團到日本玩），即使努力的讀了一籮筐食譜還是懵懵懂懂，又剛好倒楣教到我。上完第二堂的日本料理後，她親自到我面前道歉，解釋說學校目前欠缺合格的亞洲菜師資，她是硬著頭皮上陣，如果冒犯了我的文化請多包涵。我回答說看得出來她很盡力，謝謝她的用心，有什麼需要幫忙的儘管說，也順便解釋我不是日本人，是台灣人。

「啊，那下一堂課的泰國菜要請你多多指教囉！」

18.
鴨子與小老鼠

最近我時常不經意的陷入沉思，不管讀書、看電視、吃飯、聊天，都會忽然分心恍神。有一次被Jim逮個正著，他揮揮手問我：「你到底在想什麼啊？」

「是鴨子。對不起，我在想怎麼做鴨子。」

事情是這樣的，課程堂堂進入第九個月，再過幾個星期就要期末考了。期末考除了筆試與隨機抽題的現場演練之外，也包含「創意菜色」一項，要求畢業班學生們綜合一年所學，設計一道有個人風格的全新菜餚。我們班的派區克精於肉類烹調，早已決定挑戰脂肪特少，因此嫩度不易掌控的野味。過去幾個星期，他不知去哪裡找來了一堆野雉、雁鴨、麋鹿肉，有的先掛起來風乾發酵，其餘的就帶到課堂上現烤給大家試吃。我們崇敬他的用功之餘，也不禁開始為自己的創意項目煩惱起來。威廉似乎選定了龍蝦，沒事就吹噓他在家裡殺了多少隻。安娜想用酪梨做甜點，已經跟佛羅里達州的酪梨農直接訂了一箱回家做實驗。隔壁班的葛雷說他打算以香煙和咖啡為主題，先用雪茄煙草熬的高湯來燉飯，再用咖啡醃的里肌來燒烤。

馬蓮娜說她準備筆試已應接不暇，創意考只打算簡單做個印尼家鄉菜：「反正大廚們不懂印尼菜，哪裡會知道那不是我發明的？」

不過「發明」才是樂趣所在啊！我思考了老半天，決心效法大廚羅伊的歐亞融合精神，以中式食材出發，西式手法烹調，從「樟茶鴨」這道傳統菜式開始動腦筋。傳統的樟茶鴨得先蒸、後熏、再炸，成品必然熟透，但法式烹飪講究鴨胸要粉紅多汁，最多不超過七分熟。折衷之下，我決定省掉蒸的手續，嘗試直接煙熏。

我把用花椒鹽醃了一夜的鴨胸擺上架，下面鋪了炒香的紅茶、砂糖、麵粉和米粒，中火燒到起煙，再加蓋熏個七、八分鐘，然後關火悶熏十分鐘，這樣熏好的鴨胸大約三、四分熟。我起斜刀在厚厚的鴨皮上畫菱形切紋，幫助釋油，然後大火煎個兩分鐘直到金黃焦脆。

這樣聽起來好像我蠻有概念的，其實我已經用掉了兩隻鴨子四片鴨胸。第一片煙熏味不足，第二片皮不夠脆，第三片過熟，第四片勉強可以。待會兒我還要再去買一隻鴨。

此外既然是法式上菜，肉類菜餚的醬料是不可少的。法國菜裡鴨肉通常搭配略微酸甜的醬，如以柳橙、杏桃、石榴之類的水果調味，目的是去油解膩。由此出發，我決定用鴨骨湯加入日本梅酒與少量的醬油煮至收汁濃稠，最後再浸泡一點烏龍茶葉，以梅酒的微甜和茶葉的清香來平衡鴨肉的濃郁。

茶香熏鴨演練

　　配菜的部分，由於法國菜裡鴨肉通常搭配微苦的蔬菜，如西洋菜、萵苣葉、羊齒菜等等，我決定採用微苦的冬筍尖和雪裡紅。光是找這幾樣食材就讓我跑了唐人街好幾趟，好在成果不壞。盈白的筍片配上深綠的雪菜、鮮紅的辣椒，再襯著粉紅的鴨胸，還頗能挑起食欲的。

　　比較麻煩的是，自從我開始練習燒鴨子後，家裡就出現了一隻小老鼠，約莫五公分大，似乎住在這老房子的牆壁夾層裡。每當鴨胸進了平底鍋，鴨皮開始滋滋冒油時，小老鼠就會無聲無息的從某個牆角現身，然後在我的尖叫聲下飛奔消失。燉鴨骨高湯的時候更麻煩，那濃濃的肉香持續數小時，小老鼠輾轉往來密度更頻繁，讓我有點不敢進廚房。我在廚房四周設下陷阱，甚至切了一小片鴨胸擺在爐台邊的黏鼠板上，但過了三天還是沒抓到，大概我的鴨胸賣相不夠好，被牠嫌棄吧。從現在開始，我決心每次煎鴨胸都為小老鼠供上一塊肉，哪天牠上鉤了，我的創意菜大概就合格了。

19.
畢業考

　　畢業考的第一關是長達三小時的筆試。厚厚的考卷共有21頁，其中一半以上是簡答與申論題，例如：

　　1.請詳細描述製作法式清湯（Consommé）的過程與注意事項。

　　2.請修改以下珍諾瓦思（Genoise）式海綿蛋糕的材料比例，並寫下詳細製作過程。

　　3.請以地緣和歷史的關係，申述法國普羅旺斯地區與義大利里古利雅地區飲食文化的異同。

　　有沒有搞錯啊？這些都是需要長篇大論的耶！再加上食材與出產區的連連看，還有數十頁的名詞定義題，我連寫三個小時手都快抽筋了。

　　交卷後，馬蓮娜一臉慘白的說：「我肯定畢不了業。」老實說，我在寫考卷的時候就開始為她擔心。馬蓮娜英文讀寫的速度比較慢，這一年來不間斷的大小筆試對她是很大的負擔。為了確保上課不漏聽講解，她每一堂都錄音，帶回家給美國老公

費工費時的酥皮麵團

很傳統的法式點心千層杏仁派（Pithivier），
酥皮裡包著杏仁醬。

轉換成筆記，一年下來累積了近千頁巨細靡遺的課堂紀錄。我第一次碰到她老公奈德時，非常驚訝他對我們班這麼熟習，連威廉習慣插嘴，蘿伯塔講話會同時打嗝這種事都知道，原來他每天下班後都戴著耳機聽寫烹飪理論。在他們夫妻同心協力之下，馬蓮娜隨堂考的成績進步了很多，加上她本來就是有天分的廚師，在學校裡可以說是技術頂尖的學生。我誠心期盼她的筆試沒考砸。

　　筆試結束後，我們有一個星期的時間在家準備實務考。實務考涵蓋了全年所有甜鹹餐點的技巧，每位學員當場抽題，有一個鐘頭的時間寫出詳細食譜，然後必須在四個鐘頭內完成餐點。所需的食材每人只能領取一次，做壞了不得重來，所以如果荷蘭醬不小心加熱過度而結塊，去雞骨不小心扯破了雞皮，也只能硬著頭皮做完，把殘破的餐點端盤送出去。

　　所有的菜色中，我最害怕的就是點心烘焙。甜點有別於雞鴨魚肉蔬果麵飯，所需材料的比例和烘烤溫度講究精確，不是可以邊做邊嘗，隨時修改的。一旦把泡

好險，這些舒芙禮都膨起來了！

巧克力蛋糕卷

芙、千層派、舒芙禮或蛋糕糊送進烤箱，接下來能做的只有盯緊箱門，祈禱麵團或麵糊能順利的膨起來，而且千萬不要歪斜塌陷。一個鮮奶油蛋糕除了海綿蛋糕本身以外（海綿蛋糕又分好多種，每一種的配方和程序都得背下來），還有夾層的內餡和外層的各式奶油蛋糖霜，組合的過程用掉家裡所有的容器不說，要做到外觀平整、花邊精美更是難上加難。當然不是所有的人都同意我的看法。在廚藝學校裡大家見面會互相問：「你是屬於甜的還是鹹的？」（Are you more of a sweet or savory person?）甜的人看到血就作嘔，鹹的人覺得做蛋糕就像要他把一團打結的線解開一樣麻煩。我明顯的屬於後者，但為了準備考試，不得不拚命練習烤蛋糕、布丁、千層派。好在這幾天我嗜吃甜食的婆婆剛好來探訪，我的烘焙作品不論成功失敗，她一律吃得乾乾淨淨，讓我信心大增。六月初的波士頓忽然熱了起來，氣溫衝過30度，而我家的廚房裡湯水滾滾，烤箱隆隆，儼然熱帶沼澤。

考試當天早上八點半，我們一班八個人正襟危坐，齒牙抖顫。馬蓮娜兩眼紅紅的，因為緊張已經哭了一夜。年逾六旬的轉班生唐娜說，她一早醒來怔怔的忘光

了點心烘焙的比例，搖著先生的肩膀大喊：「I can't cook!」我自己心裡也七上八下，不知道緊要關頭手腦是否能並用。

我們魚貫上前抽題，我抽到的題目是：煎一份五分熟的牛排配兩種醬汁，一種必須是法式經典母醬繁衍出的小醬，另一種必須是用煎完牛排的鍋子現調的快速鍋底醬。搭配馬鈴薯與蔬菜烤蛋，做法任選。

老天保佑，這是我夢寐以求的題目！

我簡短的考慮一下，決定要做經典母醬裡的「棕醬」（espagnole）（其他母醬還包括荷蘭醬／hollandaise、白奶醬／béchamel、白湯醬／velouté、番茄醬／tomato sauce）。棕醬的色澤與味道濃郁，比其他的乳化醬料或白醬更適合搭配牛排。它的做法比較麻煩，需要先提煉「淨化奶油」，把奶油加熱融化後，撇除浮沫和沉澱的奶蛋白以提高抗熱度，然後用小火把洋蔥和麵粉炒個半小時直到褐黃，再加入小牛高湯與香草熬煮約一個鐘頭，最後再過濾。棕醬單獨吃起來很無趣，但只要加入別的材料就會顯出味覺層次。我決定加入紅酒、紅蔥頭與第戎芥末一起燉煮，也就是所謂的「伯德雷思醬」（Bordelaise）。

至於鍋底醬（pan-reduction sauce）的部分，我決定用干邑酒與雞湯來「deglaze」鍋子，也就是把煎牛排鍋底的焦黃部分刮起來，收汁過濾後再加入綠胡椒和鮮奶油燉煮。

馬鈴薯我打算跟洋蔥一起煎，然後加迷迭香與檸檬調味，稱它為「Pommes Lyonaise」──里昂式煎馬鈴薯。

　　蔬菜烤蛋的部分，我決定用菠菜、烤大蒜與帕馬森乳酪一起調入奶蛋汁，注入布丁模，隔水入烤箱用中小火烘烤約40分鐘。

　　一切進行得還算順利，我的棕醬在爐台上微微滾動著，菠菜蛋已送入烤箱。大廚史蒂芬是我們的監考與操作評分員，他拿著本小冊子來回踱步，經過我的台前看到切好的馬鈴薯沒有立刻泡在清水中防止氧化，當場把我訓斥一番，在小冊子上振筆疾書。旁邊的威廉開始吹起口哨，他抽到海鮮麵餃搭配需要乳化的白酒奶油醬（beurre blanc），好像胸有成竹。對面的安柏厲聲怒斥：「你安靜點好不好，我需要專心欸！」她抽到榛果蛋糕配松露巧克力，顯然不符合她的「鹹」式人格，所以殺氣特別旺盛。

　　馬蓮娜抽到熏魚酥皮盅，看來好像鬆了一口氣。凱莉必須自己灌香腸，唐娜則是做花圈形泡芙塔配慕絲餡與燉水梨，兩人都戰戰兢兢，不發出一點聲響。最慘的是莎莉。她溫柔美麗，一心想做點心師傅，卻抽到人人懼怕的「巴洛汀」（ballotine），必須把一整隻小春雞的骨頭去掉，然後在腹中填塞餡料，綁起來烘烤。 莎莉跟小春雞糾纏了一個多小時，一面剔骨頭一面啜泣，我們都很替她著急，但也愛莫能助。一直等到全班同學都已交出成品，開始洗碗拖地後，她才終於完成這道無骨烤春雞（裡面塞了麵包餡、百里香與西班牙辣香腸，配上燴青蒜和雪莉酒熬的醬汁），在全班的鼓掌聲中送出門外。

莎莉的無骨烤春雞

另外一個倒楣的人是派區克。他恨不得能把莎莉的春雞搶過來做，卻不巧抽到了珍諾瓦思式海綿蛋糕，裡面得抹上杏仁口味卡士達醬，外面敷蓋最容易油水分離的蛋白霜奶油慕斯。他很無奈的篩麵粉打蛋白，最後烤出來的蛋糕好歹是膨起來了，但是高低不平，外圍也太乾。他將計就計，把原本九吋的蛋糕修剪成巴掌大的五吋，抹上雪白的奶油慕絲，上面還有新鮮草莓做裝飾。小巧的蛋糕端在他一雙黝黑的大手裡顯得格外迷你，讓人驚訝派區克也有細緻的一面。

至於我呢，那個菠菜烤蛋烤出來竟自然分隔為三層：由上而下亮綠、淺綠、深綠，倒出容器時引來一陣讚嘆，人人都問我是如何做成的。其實這結果完全出乎預料，我猜想是因為蛋汁注入模具後，我等了太久才送進烤箱，裡面的菠菜泥都沉澱到模底了。但我不打算告訴評審們這是個美麗的錯誤，所以特地在隨盤的餐卡上為這道配菜取名為「漸層菠菜糕」（Variegated Spinach Timbale），讓他們以為我匠心獨具！

我的煎牛排搭配漸層
菠菜糕

　　外面三位評審是誰我不知道（他們也不知道每道菜是誰做的），但史蒂芬把我的
空盤子帶回廚房時滿臉堆笑，拇指上揚。我得到的評語是：「牛排煎得恰到好處；
兩種醬汁的調味都非常好；馬鈴薯外脆內軟，口感不錯。漸層菠菜糕──出類拔萃
（Exceptional）！」唯一的缺點是盤子不夠熱，顯然我盛盤速度太慢，原本預熱華
氏兩百度的盤子都冷掉了。

　　看著同學們的菜一道道漂亮的盛盤送出廚房，我心底一陣激動，過了今天，我
們就再也不用來這裡抄筆記、學做菜，外加洗碗拖地，也再沒有下午三點的十道菜
大餐了。十個月下來，我們從笨拙的打蛋修鍊到可以端出像樣的餐盤，每個人肚皮
都增了幾磅肉，雙手也添了幾道疤。雖然我心裡時常嘀咕誰不洗碗，誰又動作太
慢，想想這段日子埋首高溫高壓下，若不是靠大家互相忍讓幫助，還真是撐不過
來。我不知道將來進餐廳裡工作會碰到怎樣的夥伴，但如果他們有我這班同學八分
的默契與義氣，我就很慶幸了。

20.
小廚師戴高帽

我從小扁帽升格為大高帽了！雖然將來進餐廳工作後還是要從基層做起，短期內沒有戴主廚帽的份，我對這個畢業象徵還是感到很驕傲，捨不得脫下來，在家裡做菜也戴著過乾癮。

畢業典禮當天，我與三位別班的同學獲得全年筆試平均95分以上的「High Honors」榮譽獎，另外我也得到DeGustibus Award獎項，依校方解釋，代表「品味不容置疑」（Concerning taste, there is no dispute.），頒發給學校公認口味最發達，也最懂得調味的學生。我想，獲得這個獎可能是因為我平常上課吃的比誰都多，況且我對天上飛的地下爬的，裡外高低來者不拒，這種中國人愛吃的本性很投法式大廚的喜好，就此養成了饕客的聲響。我個人對這個獎項感到非常得意。

學校顯然視「調味」為廚藝一大重點，所以除了在台上頒發畢業證書之外，也特別奉送每位畢業生一盒粗鹽。教法式鄉村料理的大廚巴比上台致詞時，舉著鹽盒耳提面命：「送出一盤菜之前永遠別忘了先品嘗。不管你的做工多精細，擺盤多漂

亮，如果調味不當都不是好菜。懂得下鹽，用自己的嘴巴把關，是廚師的本分。」

　　校長蘿伯塔致詞中勉勵大家，當前是廚藝事業的黃金時代，我們畢業後有遠遠超越以往的工作選擇，除了開餐廳做廚師，也可以從事外燴、私家大廚、教學、食譜寫作、美食編輯報導、美食造型攝影等等五花八門的新興專業。如果堅守廚藝本業，她鼓勵我們扛起廚師的社會責任，多多關心農業政策、環境土地，選擇最新鮮健康，能夠永續經營的食材。此外還要多看多聽多進修，永遠不喊累才會有成就。

　　畢業典禮在希爾頓飯店的宴會廳舉行，近一百名的畢業生與教師員工都一反平常的穿起西裝領帶、洋裝高跟鞋，很優雅的啜飲著香檳，好幾位平常看起來很拙的男生忽然都變得很帥。馬蓮娜的老公奈德一臉春風得意，好像是他自己畢業一樣。當天馬蓮娜同時獲得「進步獎」與「盤飾優異獎」，她的努力與天分有目共睹。此外她已經在哈佛校園旁新開的一家紅酒吧應徵上副大廚的職位，前景令人稱羨。

另外我們班的威廉獲得全校第一大獎——由法國國際美食協會（Chaine des Rotisseurs）頒發的會員勳章。威廉本來就是一家知名餐廳的專業廚師，求學這一年還是全職上班，馬不停蹄的工作卻精力充沛，做菜時歌聲不斷，一有空檔就指正同學們烹飪上的錯誤，很多人嫌他愛現又多管閒事。這種性格在學校裡可能不吃香，不過做大廚肯定前途無量，我期待十年內在美食雜誌上看到他的名字。

　　其他幾位同學也個個志向遠大：派區克打算搬回家鄉北卡羅萊納，立志幾年後開一家精緻的南方靈魂菜（Soul Food）餐廳；安柏申請進入加州納帕谷的一家酒廠實習；安娜已開始在家裡做甜點外燴；莎莉想繼續進修糕點烘焙；剛滿20歲的喬許要去紐約找工作；身材姣好的凱莉一心一意等著Food Network美食台招新人。

　　別班的同學也很爭氣，好幾位已經設計了網站，專走目前很流行的「私家大廚」（Private Chef）路線，為有錢人或有特殊飲食需求的都會忙人設計菜單，到府做菜。

　　而我呢，這幾天都在裝箱打包，下星期就要嫁雞隨雞，陪老公搬到香港去了。香港的餐廳聽好了，有哪家願意雇用我嗎？

畢業典禮當晚，我和Jim到波城近郊知名的
Blue Ginger餐廳享用華裔名廚Ming Tsai的
創意菜餚，慶祝夫妻倆順利畢業。

左手拿證書，右手捧鹽。

II.
餐廳實習

01.
新手找工作

　　來香港已經一個多月了，找工作還是一無所獲，一來我此地沒有人脈，二來不會講廣東話，但最糟糕的還是因為我沒有在餐廳廚房裡正式的工作經驗，十幾年教學研究與翻譯的資歷和做菜連個邊都沾不上，搞不好還讓人家擔心我這個人很難纏。履歷表投了幾十封，目前為止只有一家私人俱樂部找我面談，入行28年的大廚林師傅見面劈頭就問：「你的學歷很不錯，為什麼要到餐廳工作？」我告訴他做菜是我的志向，修了一年的廚藝課程等於是師傅引進門，為了精益求精達到專業水準，我認為唯一的途徑就是跟隨餐廳大廚由基層做起。

　　林師傅緊接著說：「你知道專業廚房裡的工作有多辛苦？工時有多長？爐台有多熱嗎？這跟坐辦公室是很不一樣的喔！」我說：「但我寧可辛苦也不要坐辦公室啊！」大廚聽了臉上顯出頗贊同的神情，似乎在想：「說的也是，誰想坐辦公室啊？」

　　但他還是很不相信我的能耐，接著又問：「餐廳裡的廚房是男人的世界，大聲吼叫是很平常的，你可以接受嗎？」對這個問題我擺出最巾幗不讓鬚眉的神情說：

「這我一點也不擔心。」我沒告訴他，自從多年前看了安東尼‧波登的《廚房機密檔案》以後，就一直很嚮往在廚房裡跟一群執著的瘋子工作，廚藝學校裡的人太正常也太有禮貌了，其實我有一點失望。

　　大廚問我對冷菜和熱菜的工作哪一種比較有興趣。冷菜台在法文裡叫作Garder Manger，意思是「保存食物的人」，這通常是高級西式餐廳裡入門的職位，主掌冷盤、沙拉、肉類慕斯之類的食物，著重精巧的刀工和裝飾技術。但由於大多數食物可以事先準備好且鮮少需要碰火，壓力沒有現點現做的熱菜那麼大。我告訴大廚我很願意從冷台做起，但老實說我對熱食比較有興趣，他很驚訝的說：「為什麼每個應徵的人都這麼說呢？」我說這很自然啊，愛做菜的人本來就喜歡煎煮炒炸，熱菜台是廚房裡最香也最精采刺激的地方啊！

　　大廚給我看了一些他最新設計的菜式照片，真不愧是入會門檻甚高，名流聚集的會所，每一道菜都非常漂亮精緻，我好希望能親身參與這些菜餚的製作，哪怕一

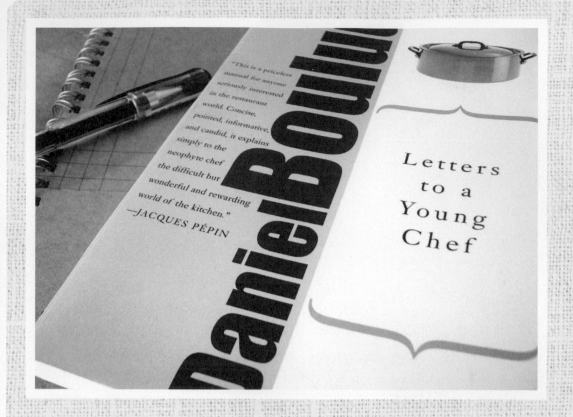

開始只是切菜也好。關起照片檔案之前大廚對我說：「你接下來還會看到更多。」光是這句話就讓我高興了很久，以為受雇有望。但一個禮拜過去了，人事部還沒有打電話來找我做第二輪的面談，看來他們大概已經雇用別人了。

　　事後檢討我當天的穿著恐怕有所失策，我心想做廚師應以整齊清潔、簡單樸素為原則，面談又應該規矩一點，所以穿了件灰色合身V領衫，黑長褲與中低跟皮鞋，一頭長髮規規矩矩的梳至耳後，基本上就是我在大學裡當助教的打扮。面談中大廚曾懇切的打量我一眼並說道：「在廚房工作是要穿制服的喔！」我說：「當然啊！」心想你把我當成什麼千金大小姐！但或許我所謂的簡單樸素對廚師來講還是太文雅了，不知我是否該把頭髮剪短，穿上西部牛仔皮靴，然後在手臂上刺個青呢？

02.
從基層做起

　　發了幾十封的履歷表沒有人回應，我決定改變策略，以不領薪的實習生身分尋覓良師，反正我目前進餐廳工作的目的是為了學習，等累積點經驗再找正式工作也不遲。法籍紐約名廚丹尼爾·布魯（Daniel Boulud）曾在他的《寫給年輕廚師的信》（*Letters to a Young Chef*）一書中提到，一個大廚的養成需要長期的訓練，與其餐飲學校一畢業就急於獨當一面，不如花點時間在頂尖大廚手下從基層做起，一方面增廣見聞，一方面累積人脈，總之是眼光愈遠大，起步就要愈謙卑。雖然布魯點名這種理想的訓練過程僅適用於十幾、二十歲的「年輕廚師」，我決定仗著一副學生臉以及「現在的三十就是以前的二十」（30s' the new 20s）的口號，破除年齡障礙，以理想為典範！

　　廚藝學校的老師得知我找工作遇到困難，建議我聯絡一位在亞洲地區做餐飲顧問的校友。攀關係果然有效，透過校友的引介，我得到兩位大廚的聯絡地址，一位是置地文華東方酒店Amber餐廳來自荷蘭的主廚李察·艾古布司（Richard Ekkubus），一位是全球知名的Nobu餐廳在香港洲際酒店掌廚的挪威新秀歐文·

奈山（Oyvind Naesheim）。 兩位大廚收到我的自我介紹信以及校友的推薦函後都出乎意料的馬上回音，並分別安排我在早上十點半，也就是餐廳最安靜的時間去跟他們面談。

有了上回失敗的面談經驗，我這下子吃了秤砣鐵了心，不成功便成仁。面談當天我穿了牛仔褲與粗大的靴子，白襯衫袖管捲起以展示斑斑點點的燙傷瘡疤，然後用演練多時的堅定眼神與沉著語氣分別告訴兩位大廚：我是誠心要學習，不管工作多辛苦，工時有多長都沒關係。

大廚李察告訴我，他們之前一位從法國來的實習生剛離開，所以餐廳目前有實習的空缺，很樂意給我這個機會。他耳提面命要我全力以赴，不能因為不拿工資就遲到早退，喊累偷懶。「我們這裡雖然不像高登・然西的〈地獄廚房〉*，還是有非常嚴格的紀律與標準。你如果不能吃苦，是會被同仁們瞧不起的。」面談完畢，他親自送我到電梯口，握手道再見，我知道這種禮遇只此一回，從今以後我只有賣命工作，大喊「Yes, Chef.」的份。

跟高大嚴峻的李察比起來，大廚歐文感覺比較親切，他今年只有27歲，比我小了好多（這點我當然不打算點明），但因為長期在廚房裡指揮大局，自然散發一股威嚴。他告訴我，他從十幾歲開始就在廚房工作，剛開始都是做法國菜，每天花很多工夫雕琢一些精緻的小東西，顧客根本就不懂得欣賞，自己也覺得很悶，想出去看看不同的世界。二十出頭的他於是決定放下家鄉挪威的一切，遠走倫敦。他早聽說Nobu（松本信幸）發展出了一套東西合璧的日式創意料理，非常嚮往，因此

就在沒徵人廣告也沒人介紹的狀況下，帶著履歷表走進倫敦的Nobu餐廳，要求在廚房裡實習。上工的第一天，他就愛上了Nobu極簡新穎的烹飪手法，從此如魚得水，一年後從實習生升為助理副大廚。經過兩年，Nobu親自問他是否有興趣到香港掌廚，開設東京以外的亞洲第一家分店。想必因為歐文本身也是以這種登門求師的方式入行的，他對我非常友善，表示除了需要訓練三至七年的壽司吧以外，所有的工作台都歡迎我現場操練。

　　我臥薪嘗膽兩個月終於有了收穫！十月開始，我將連續在兩家餐廳實習，各為期三個月：一邊在Amber研習精緻法國菜，一邊在Nobu體驗日式創意料理。想起來真是慶幸，我的同學們透過學校介紹，紛紛在家鄉一帶的小餐廳就業，而我來到人生地不熟的香港，卻有機會進入國際級的一流廚房，真是福星高照！不過接下來我上班的時間可長了──每天從早上九點到晚上十一點，中間休息兩、三個小時，一般人下班的時候就是廚房最忙碌的時候。好在Jim很支持，不僅馬上帶我出門吃大餐慶祝，還當下決定從十月起，每天等到下午兩點陪我午休時間一起用餐，下班回家先睡覺，半夜再起床等我回家。姑且不論他到時是不是真的會這麼做，能有這種心意已經讓我很感動了。

★高登‧然西（Gordon Ramsey）是來自倫敦的米其林三星大廚，他的電視節目〈F Word〉與〈地獄廚房〉（Hell's Kitchen）走紅英美，節目中大膽拍攝他對廚房員工嚴苛怒罵的駭人場景，令人印象深刻。

03.
遇見Nobu

　　好運來的時候是擋都擋不住的！才剛和洲際酒店的大廚歐文談好到Nobu餐廳實習，就聽說Nobu本人將來香港親自主持全新一季的菜單。雖然我在人事部的申請還沒有通過，不能正式上工，歐文私下破例讓我找一天到廚房裡湊熱鬧，親見大師下廚！

　　說到Nobu，這可是個美食界家喻戶曉的名字。他年輕時在東京接受正統的日式割烹料理訓練，後來有機會先後去祕魯和阿根廷開餐廳，期間受當地飲食文化的薰陶，獨創出一套結合眾多辛香料與異國食材的新派日本菜。比如他會用墨西哥特產的哈拉皮諾（jalapeno）青辣椒調味，也擅長做中南美式的柑橘漬生魚，更常以辛香的蔬果莎莎醬（salsa）搭配肉類和海鮮，整個味覺體系偏於大膽明亮，為日式料理增添了一股新大陸的奔放。也因此他受歡迎的程度無遠弗屆，全球開了19家分店，好評連連。記得有一集《慾望城市》裡，凱莉約朋友好幾次不著，電話中抱怨：「你怎麼跟Nobu一樣難訂啊？」由此可見紐約本店一座難求的盛況。香港這家分店2006年底才開張不滿一年，這回也是Nobu第一次親臨現場，當然人未到

難得的機會讓景仰的大廚為我在書上簽名。

先轟動，報紙已登了好幾天。

　　當天下午我依約在餐廳門口等大廚歐文帶我進廚房，等著等著，ㄟ，迎面而來的小平頭中年人不正是Nobu嗎？我鼓起勇氣走到他面前自我介紹，告訴他我馬上就要來餐廳實習。「In the kitchen?」Nobu看來似乎有點驚訝。他問我結婚了沒有，有沒有小孩……畢竟這一行工作繁重，有家室的女性很難負荷，但當然也不是不可能。我從背包裡端出厚沉沉的兩本《nobu now》與《nobu WEST》食譜，請大廚本人簽名，他想了一會兒，在扉頁上大大的寫了一句：Always try your Best!!

　　天啊，太榮耀了！

　　當晚我換上過大的臨時制服，進廚房裡跟班打雜七個小時。雖然場外坐了滿滿

的客人，Nobu仍抽空進廚房示範下一季的新菜：有抹了海苔的烤魚，加了海膽再敷上蛋白霜以小火酥炸的大閘蟹……這些未上市的新菜都擺在工作台上供廚師們品嘗。Nobu親手做的耶！那盤烤魚我只試了一口（因為不想看起來太貪心），沒想到其他人太忙來不及試吃，十分鐘以後就被倒掉了，只留我一人在垃圾桶旁一陣唏噓。

幾位資深的廚師們身手矯健無比，速度與精準讓我看得目瞪口呆。一位師傅轉頭回答服務生的問題，手中握著刀切菜的速度卻絲毫不減，話說完頭轉回來，砧板上已是一排薄如紙片的朝鮮薊！後方兩位師傅正在處理一大桶新鮮龍蝦，每一隻從活跳跳到分成兩半不消五秒鐘。回想我們在學校裡，全班合力殺一隻龍蝦都搞得雞飛狗跳，再瞧瞧專業廚師的乾淨利落更是由衷佩服。眼看雖然每個人都忙得不可開交，工作台卻是一片整潔；每個台下都有一排小抽屜，打開來才發現它們原來是獨立的小冰箱，一格一格的裝滿了切好的配料，既有益工作台的整潔又能保鮮，還節省廚師往返傳統冰櫃的時間，真是貼心的設計。

廚師們都很友善，紛紛試著跟我用國語溝通，而且一有空就為我解釋特殊食材的處理方法或是示範甩鍋子的技巧，中場還偷偷炸了一尾明蝦給我吃。一位菲裔的廚師在擺盤之餘順口對我說：「這道菜你知道吧？就是Nobusan第一本食譜第○○頁的某某經典啊！」——如此用功，讓我嚇一大跳！當晚因為我尚未有員工保險，歐文特別囑咐不准動刀玩火，但我在一旁盛湯，遞醬汁，摘蟹肉，也忙得不亦樂乎。偶爾出菜時負責抹抹盤緣，遞盤到票台口大喊「Pick up!」也蠻過癮的。

近十一點了，餐廳還是人聲鼎沸，Nobu從場外與客人寒暄後回到廚房，拉了

火烤松阪牛排

把椅子坐下來，笑嘆體力不如從前，站久了撐不住。我問他現在全世界開了這麼多家餐廳，在哪裡待的時間最多？「飛機上。」他說——笑咪咪的眼角看起來有點疲憊與無奈，我想這就是成功的代價吧。

當晚我過了半夜才回到家，上床關燈後情緒依舊高亢，閉上眼睛腦海裡浮現的是一幅又一幅盛盤如畫的烤魚龍蝦和松阪牛排，好像小時候玩太多俄羅斯方塊後，闔眼只見天上掉下來的各式積木，久久到深夜……

補記

本以為過不久就可以正式進入香港的Nobu實習，沒想到酒店行政部門的經理從高層否決我的申請，因為擔心我是餐飲顧問校友派來臥底的商業間諜，連大廚為我上訴請求都沒有用。這結果當然讓我很失望，不過也忍不住想笑——我從找不到工作的菜鳥忽然晉升為對企業具有威脅力的特派幹員，光是用想像的都覺得生活精采了許多。

04.
開工了！

昨天是我在置地文華的廚房開工第一天，領了正式的鑰匙，還要打卡進門，換上白色的廚師服，打上領巾，做了一輩子學生的我終於有工作了！

廚房有好幾百坪大，在香港這彈丸之地簡直不可思議。我前六週的工作是garde manger，也就是冷廚，專司沙拉與生冷前菜，與負責煎煮炒炸的熱廚有一面玻璃之隔。冷廚內的另外四個廚師好像很怕生，發現我不會講廣東話都離得遠遠的，主管冷台的領班（Chef de partie）拿起一張工作清單對我說：「This have. This also have. That no have, you get.」那個no have的東西就是番茄，所以我從早上十點到下午兩點都埋在番茄堆裡，小番茄要汆燙剝皮，大番茄除了剝皮還要去籽和切丁，叫作concassé。

我從頭到尾搞不清楚這些番茄是要拿來做什麼的，因為語言障礙也沒有人跟我解釋。還好我耐力蠻強的，切菜這種事一旦做上手就有一種禪坐入定的感覺，可以什麼都不想，落得清靜。工作結束後我可以很驕傲的說我已經成為切番茄專家了。

這是冷台負責準備的一道開胃小菜（Amuse Bouche），以甜菜凍包著鵝肝，配上生脆的甜菜薄片與覆盆子和紅酒醋。由於組合這道小菜不需特別技術，這差事通常就落在我的頭上。
圖片提供│Janine Cheung

這是西瓜與小番茄沙拉，配上超小的羅勒葉與羊奶起士片。

　　接下來我切小黃瓜，然後午休。午休回來後剝蝦殼，接著摘嫩沙拉葉的莖，一摘就是幾千株。以前上餐廳吃飯偶爾會注意到青菜的精美，很疑惑誰有這種工夫摘銀芽剝豌豆，原來餐廳裡就是有像我這樣的學徒啊！

05.
完美的代價

度過了第一個禮拜的學徒生涯，我全身筋骨酸痛，但再痛也得起床上工，在Amber的廚房裡從早上十點站到晚上十點。

冷廚的工作很繁瑣，不外乎洗菜切菜，剝蝦殼清墨魚之類的差事，當然比較高難度的鵝肝處理和凍肉製作也有，但這樣的工作輪不到我。Amber餐廳做的是所謂的fine dining，法文稱作haute cuisine，也就是最最頂級與精緻的料理。這種料理先不論好不好吃，光是食材之精美，作工之繁複，分工之細膩，就讓一般的餐廳望塵莫及。在冷廚裡每天有成箱的沙拉葉苗，我必須一片一片拔除嫩莖，稍有壓痕或缺角即丟除；小黃瓜絕不用到中間有籽的部位；青椒紅椒不只去籽去莖，還要去皮去彎勾，因為這樣切出來的細條才會長短厚薄一致；就連剝好殼的蝦仁都要首尾切齊以求平整。幾天下來從我手中丟棄的「不合格」蔬果魚蝦多不勝數，每次倒掉這些明明能吃卻只欠完美的食物，我都有一種很心痛的感覺，腦子不停的盤算有什麼家常菜色可以利用這些次級品，再不然把蔬果打爛了給我敷臉，或是做有機肥料都行啊！

甜菜頭佐山羊奶酪沙拉——千萬別小看上面幾片鮮嫩的甜菜葉啊！

　　就以「甜菜頭佐山羊奶酪沙拉」為例吧，這是餐廳裡目前價格最低的一道前菜（港幣180元），但它的勞力密集度已經很驚人。白色圓球狀的部分是法國來的山羊乳酪，套用西班牙傳來的「分子美食」技術，先浸泡在藻酸納（sodium alginate）溶液中，再注入氯化鈣（calcium chloride）溶液重新固化，最後的成品如鳥蛋一般大小，渾圓盈白，吹彈可破，一口咬下會流出奶酪汁液，完全扭轉乳酪的質感與呈現方式。層層疊疊的紫色與黃色圓柱是烤軟的甜菜頭，盤底襯一片甜菜汁做的果凍，再配上生切的正圓形甜菜薄片，醋漬紅蔥，佩克理諾乳酪（Pecorino），與精心安插的甜菜葉苗。

　　說到那甜菜葉苗，我想到還打哆嗦。由於季節轉變，前兩天送來的甜菜葉竟有掌心那麼大，遠遠超過我們要求的指尖般嫩苗尺寸。但葉子都已經收成了，也不能讓它長回去啊！所幸廚房裡有我這種卑微的學徒，當場奉命把重達三公斤的整箱甜菜葉逐一修剪為指尖大小，而且務必配合莖脈紋路以求逼真。我整晚一個人在角落裡修剪葉子，都快悶爆了，連平日比較和善的同事都離我遠遠的，深怕靠近一點就

得幫忙做這種無聊的苦差事。我對著玻璃顧影自憐，心想付錢的大爺們在享受這道前菜時，哪裡會憐惜我付出的青春？

說真的，到這裡我才真正了解，為什麼高級法式廚房的編制在傳統上稱為「部隊」（brigade）。廚房裡的人員真的很多，每一個工作台都很專門，這裡包括：

冷廚（Garde Manger）：管沙拉與冷盤

蔬菜台（Entremetier）：管蔬果、澱粉、奶、蛋

魚台（Poissonnier）：管所有的魚類海鮮

肉台（Viandier）：管肉類，煎、烤、炸各有專門人員

醬台（Saucier）：從早到晚負責製作幾十種醬料

屠宰台（Boucher）：能把整隻牛羊支解為法式烹調所需的標準部位

點心台（Patissier）：製作精美的甜點

每一個工作台由一群分為三級等的學徒（Commis）組成，學徒們聽命於各台的領班，也就是 Chef de Partie，再往上還有助理副大廚（Junior Sous Chef），副大廚（Sous Chef），行政副總廚（Executive Sous Chef），以及仰之彌高的行政總廚（Executive Chef），也就是大廚李察。[*]

由於分工精細，幾乎沒有一個人有機會從頭到尾完整的製作一道菜。呈盤上菜的過程很像工廠的生產線，有人淋醬汁有人抹盤緣有人堆砌蔬菜——還真的是用「堆砌」的，層層疊疊的嫩葉，乳酪片，檸檬皮，香草，堅果等等必須得到完美的

切成圓柱型的鵝肝醬夾在薑汁脆餅間,配上燉水梨與糖漬檸檬皮。圖片提供|Janine Cheung

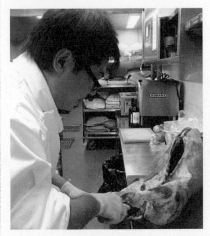

屠宰台的師傅熟練的將一整隻由不列塔尼運來,在鹽水草地上覓食的天然鹹羔羊(Pre-salé)支解成適合法式烹調的各種部位。

平衡,多了太俗氣少了太寒酸,角度和間隔若沒算好則崩塌陷落,功虧一簣。

在這樣的部隊編制裡,只有大廚能享受創作的樂趣:大廚是味覺與美感的設計師,調配口感的層次與色澤佈局;底下的人則是聽命行事的工匠,務求精準,沒有揮灑的空間。老實說這樣做菜感覺很疏離,把烹飪過程中最令人滿足爽快的部分都抽掉了。雖說只有這樣反覆練習才能鍛鍊扎實的功力,但當我埋首一堆完美的嫩葉與細絲裡時,有時真恨不得自己身在一家破爛小餐館裡,一個人管四個爐台五個鍋子,快炒唰唰上菜。

★這裡的職務分等特別仔細,因為Amber餐廳位於酒店裡,副大廚以上的管理階級人員必須同時兼管酒店內其他的餐飲單位。在一般高級餐廳裡,總管廚房的大廚頭銜是Chef de Cuisine,如果其上還有Exectutive Chef,通常是坐鎮幕後,不需下廚房的名人級大廚。

06.
我的五星級零嘴

2007年10月底的《HK Magazine》報導本年度讀者票選的各類最佳獎項，Amber獲選「最受歡迎的餐廳」與「最佳餐廳設計」兩大獎。報導一發行，大廚李察喜出望外，滿面春風。這雖然不比米其林的星星，但畢竟是香港流通量最高的英文刊物（因為是免費的，像紐約的《Village Voice》或台灣的《破報》），所以影響力很高。我們冷廚裡的老大沾沾自喜的說：「你沒看這報導裡專門提到螃蟹五吃的頭盤，當然好啊，誰做的嘛！」老實說連我這個新來的實習生都感到與有榮焉，螃蟹頭盤的設計與烹調雖輪不到我，但這三個星期以來所有的蟹肉都是我親手剝的，調味用的小黃瓜丁也常是我切的，算是一點卑微的貢獻。

說了這麼多，其實只是為了炫耀我每天吃的「零嘴」有多好。新鮮蒸好的北美大螃蟹破殼一摘就是幾大盤，裝入小袋子以後，手上沾著的鍋邊黏著的通常就是我吃掉。其他同事們好像對吃都不是很有興趣，可能他們在廚房裡待久了見怪不怪，不管什麼剩下來的好料都可以不眨眼的倒進垃圾桶。而我因為從小就被訓練要把菜吃光光，而且天生容易餓，所以每次看到漂漂亮亮的菜被倒掉都非常心痛。為了減

照片前方是魚子醬配甜菜，中央是先真空烹調再煎烤酥脆的豬頸肉，後方是可內樂造型的鮮奶霜（Crème Fraiche）。
圖片提供｜Janine Cheung

螃蟹五吃，分別做為濃湯、冰淇淋、凝凍、蟹肉小黃瓜沙拉，以及覆蓋在凝凍和沙拉之上的蟹味泡沫，講究的是單一食材在口感和溫度上的對比呈現。

少不必要的資源浪費，我決心盡一己之力，吃掉身邊大部分的剩菜。這其實沒有想像中那麼噁心，因為在冷廚裡我經手的食材通常是（很昂貴的）蔬菜水果，例如茴香，紅椒，甜菜根，朝鮮薊等等。就算它們有一點缺角凹痕或是多擺了一天，撒一點海鹽胡椒再淋幾滴橄欖油，還是很健康美味的。

當然熱量偶爾也會飆高。冷廚裡的鵝肝醬在呈盤時要切成圓形或長方塊，難免有許多用不著的邊角，我自從發現這檔子事以後都會阻止同事們丟掉，用來搭配削下來的麵包皮一起享用。偶爾運氣好還能撿到一點棄而不用的殘缺無花果，剛好可以平衡鵝肝的濃郁，更加完美！

生冷的東西吃多了，不免想來點熱食，所以手頭有點空檔的時候，我會轉到肉食區聞香搭訕，順便瞧瞧有沒有切下來的邊角肉可以試吃。幾趟下來我有幸品嘗了西班牙進口的頂級Bellota黑毛豬五花肉，以當今最熱門的sous-vide真空方式烹調，把醃好的肉先抽真空包裝入袋，然後用恆定60℃的水溫慢火燉煮11個小時，

直到軟而不爛,出菜前再入平底鍋煎至金黃香脆。這麼酥滑的五花肉吃一整客可能會膩,但吃一口真是人間美味啊!

真空烹調的好處在於它能讓肉類在溫和的狀態下達到理想熟度,肌肉組織完全不會因接觸高熱而收縮,所以異常軟嫩,而且裡外受熱均勻,口感與傳統方式烹調的肉類大不相同。我上網查了一下,光是一台入門級的迷你形恆溫水槽就要八百美金起價,再加上抽真空的設備與耗材,一般的餐廳(更別說是家庭)幾乎不可能提供這樣的菜色,所以要品嘗此等口味還非得付大錢上高檔餐廳。像我這樣沒事就討一小塊 sous-vide 五花肉,牛肋排,雞胸,鮭魚……這種奢侈豈是凡人能體會?

還有一回大廚李察進冷廚檢查新到貨的頂級魚子醬,開封後他自己試吃一湯匙,表情甚享受。我看他舉匙時掉了三、四顆黑珍珠在桌上,一時口饞好奇,又怕身邊的同事會急著擦桌子,所以飛快的伸手去撿起來吃掉。本以為自己迅雷不及掩耳,沒想到卻被大廚看到了,他對我說:「Give me your hand.」

難道吃桌邊菜是要打手心的嗎?

大廚李察另取一把湯匙挖出一大匙魚子醬倒在我手上(少說有十來克重,市價三、四十美金),舉顎示意我當場舔掉。眾目睽睽之下,一股鹹香從我喉頭溜下去,一陣受寵若驚的感覺從心底湧上來。大廚問我好不好吃,我猛點頭之餘忍不住對他說:「給得好慷慨喔!」(That's a very generous helping!)大廚回答:「我本來就很慷慨!」(I'm a very generous man!)然後揚長而去。

07.
白松露饗宴

　　晚秋初冬是一年一度的白松露季節，2007年義大利北部異常炎熱，以至於本已珍稀難尋的白松露在它的原生地——皮蒙特區的阿爾巴一帶——產量銳減，價格飆高常年的60%。香港的上流社會向來崇尚珍貴的食材，對於減量增價的白松露當然沒有抵抗力，再加上不久前澳門賭王何鴻燊以33萬美金的天價標下了1.5公斤的巨型白松露，舉世震驚，更讓隔鄰的港人對這個Tartufo di Alba趨之若鶩。不過想嘗鮮的人沒有太多選擇，因為上好的貨源早已被少數幾家餐廳攔截，其中又以我工作的Amber為最，一口氣買下數十磅的上品，連續兩週開辦白松露饗宴。

　　送貨那天，廚房裡所有的人都圍上去瞧個究竟，我擠在人群後面看不清楚，只記得騷動中忽然傳來一陣濃郁的氣息，直衝鼻腔後端腦勺前葉，聞起來有點像烤大蒜和帕馬森乳酪，又有點像味噌和醬油，類似那種介於發酵和腐敗之間難以言喻的芬芳。就近一看，成箱的白松露多半是高爾夫球大小，表面凹凸扭曲包附著泥土，很不起眼。李察大廚拿起一小顆，用濕濕的白布輕輕擦拭，然後從背後掏出一個不鏽鋼製的松露專用削片器，很優雅熟練的刨了幾下，只見淺色褐紋、薄如紙片的松

白松露純屬野生，埋藏在義大利北部的森林土壤中，只有受過訓練的豬犬才找得到。圖片提供｜徐仲

露紛紛墜落，醇香撲面襲來。

　　大廚解釋說松露的氣息濃郁卻低調，如果搭配口味太辛香明亮的食材難以彰顯它的迷人之處，所以最好選擇有大地氣息且口味圓潤的食材來做組合，如南瓜，馬鈴薯，白花椰，栗子，雞蛋，乳酪等等。為此他特別設計了幾道菜，比如南瓜濃湯配陳年高達乳酪，義式燉飯配白花椰與帕馬森乳酪，燴和牛肋骨配干蔥煎牛肝菌與馬鈴薯泥。每道菜建議搭配至少兩公克（大概八到十片）的白松露，每克定價港幣120元（約台幣500元）。這定價聽來咋舌，但此時恆生指數剛衝破三萬點，金融新貴與政商名流花錢不眨眼，動輒數千元的白松露套餐一席難求，每盤兩、三克的白松露削到大廚手軟，我們這些小廚師更是腿酸腳麻不得休息。雖然坐擁價值百萬的松露堆，我一日三餐的費用加起來勉強只買得起一公克的薄片，所以忙碌之餘，我總不忘提醒自己深呼吸，心想吃不起總也要聞個夠啊！

　　為了加快出菜速度，大廚命令我們在每餐客流尖峰前預先準備好秤了重量的現

刨松露，以一克和兩克為單位，像中藥方一樣分別盛放在裁成正方形的白紙上，層層疊疊以便拿取。一日我獨自在冷菜台前疊放松露，轉身裁紙卻不小心讓袖口掃到桌面上擺得整整齊齊的一疊白紙松露，一時最上兩層共四克的薄片紛飛四散，像雪花一樣無聲的飄落到地上。

我的心跳大概停止了兩秒。

接著我飛快的把松露片從地上揀起來，轉身瞧瞧，似乎沒有人注意到。這地板看來並不污穢，我猶豫是否要把松露片回歸桌面，當作什麼都沒發生過，但想想又覺得客人付大錢，讓他吃我鞋底的泥沙有點過意不去。我偷偷的把松露片拿到洗手台前小心沖洗，打濕了的薄片變得蜷曲軟爛，色澤暗沉，聞起來雖然還是很香，賣相卻一點也不高貴。眼看午市人潮將至，這松露藏之不易，棄之可惜，於是我不作多想，趁著身邊沒人，索性一口吞下四克薄片，在驚恐中暗自品味超強度白松露饗宴，良久不敢開口，只怕唇齒間的芬芳會洩漏了我的祕密。

08.
前進馬來西亞

　　我現在坐在香港前往吉隆坡的飛機上，感覺模模糊糊的，不太相信自己真的在這裡。兩天前我還在Amber的廚房裡刨乳酪切菜絲，下午休息時收到一封電郵，來自介紹我進Amber工作的餐飲顧問校友，問我有沒有興趣去馬來西亞一個星期，參加威士汀酒店（The Westin Kuala Lumpur）的美食節，擔任來訪的華裔紐約名廚派翠夏（Patricia Yeo）的助手。

　　我曾在美國版的〈料理鐵人〉（Iron Chef）節目上看過派翠夏參賽，記得她像小男生一樣的個頭與短髮，一副標準亞裔神童的樣子，在裁判桌前展示一道道天馬行空的東西合璧菜式，讓我印象深刻。後來在雜誌上看她的報導，才知她出身不凡：馬來西亞華裔，從小在英國念寄宿學校，二十多歲即在普林斯頓大學拿到生化博士，在做博士後研究時抽空上了一堂烹飪課，從此愛上做菜，換下實驗室的白袍改穿廚師的白衣白帽。先是跟隨鼎鼎大名的巴比·費雷（Bobby Flay）做美國西南風味的香辣燒烤，然後獨立門戶，發展她別樹一格的創意料理，可說是紐約當今名氣最響亮的女性大廚。

校友在email裡解釋得不明不白，只說要找我到廚房裡幫忙，而且保證會是「你近期內最可貴的廚房經驗」（The best kitchen experience you'll have any time soon.）。他指明來回機票需要自己負責，但威士汀酒店的食宿全包，我必須在兩天內做決定。其實我真的很疑惑，為什麼會輪到我這個剛畢業的實習生來幫忙呢？難道酒店裡沒有現成的人手嗎？校友是有心栽培學妹還是打定主意剝削我的人力？

我請教大廚李察的意見（畢竟離開一個禮拜還得要他核准），他說「經驗總是好的」（any experience is good experience），非常鼓勵我去。我又擔心臨時買機票費用太高，沒想到老公說這麼難得的機會花一點錢他很願意。最後再想想，我若推掉這個機會留在香港，充其量就是在Amber的冷廚裡多摘一個禮拜的沙拉葉，這麼比較起來，一頭霧水的到馬來西亞被名廚操練應該還比較有意思一點。 這就是為什麼我現在坐在飛機上，皮箱裡沒有防曬油與游泳衣，只有汗衫牛仔褲與一排大小刀子，踏上充滿未知的冒險旅程。

09.
豪氣女大廚

在吉隆坡工作一個禮拜有一種乾坤大挪移的感覺，前幾天還是Amber餐廳裡地位最低的冷廚實習學徒，一下飛機就莫名其妙的變成威士汀酒店請來的客座名廚派翠夏的貼身助理，廚房大小事務一一受邀全程參與。搞不清楚的人還以為我是紐約隨派翠夏一同來訪的副大廚呢！

到吉隆坡的第二天，一大清早派翠夏便邀我到城中的露天傳統市場探鮮（陪大廚清早買菜一直是我的夢想，所以前一晚興奮的幾乎睡不著）。到了市場天還沒亮，派翠夏在濕窄的走道間穿梭自如，很有婆婆媽媽風範的東聞聞西摸摸，好像在這裡買了一輩子的菜，一點也看不出是昨天才從紐約飛來的。看到幾尾銀光閃耀的新鮮鯖魚，她當下決定放棄原本菜單上已設計好的煙熏劍魚（「當地的魚這麼好，何必要用進口的呢？」），改做鯖魚「謝維其」（ceviche），用橙汁與辣椒微醃——以果汁的酸性在無熱的狀態下「煮熟」魚肉，再配上茴香（fennel）薄片增加清脆的口感，是典型的拉丁美洲做法。另外她還買了好幾顆芋頭以及當地特產的拉拉蚌與角豆，現場設計了一道明日特餐——芋頭麵疙瘩（taro gnocchi）配香辣蛤蠣與蝦膏湯。

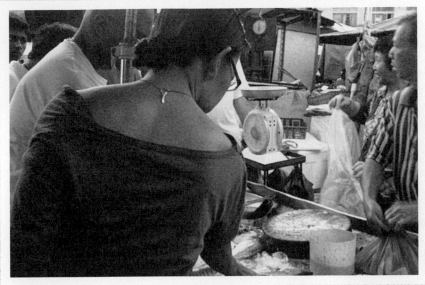

大廚派翠夏在市場裡老練的選購魚鮮。

　　這對我來說是很大的啟示：在我的味覺譜系裡，gnocchi（義大利文發音類似「牛可以」）總脫不了北義大利的範疇，不管麵團裡用的是馬鈴薯、番薯或南瓜，調味不外乎是奶油乳酪汁或青醬之流，連想都沒有想過可以用東南亞或是任何其他地域的香料調味，很受「傳統」與「經典」的框架侷限。傳統的做法當然沒什麼不好，但如果為了維持「正宗」而非得使用進口材料，難免辜負身邊唾手可得的新鮮食材。派翠夏這種即興的融合作風代表的是當代廚藝界想像力的解放，可以四海為家，讓我從小小一道菜的創作過程看見無限的可能性。

　　派翠夏的烹調結合了東南亞，地中海，與美國西南地區的多元傳統，風格上色彩斑斕，口味鮮明。她很豪氣的說：「我的菜不講究細緻。『細緻』被大家捧過頭了。」（My food is not subtle. Subtle is overrated.）這種奔放的口味連在烹調的過程中都給人一種爽快的感覺——香料大把抓，薑不用去皮，番茄紅椒切大塊也不講究太工整，最重要的是幾乎所有香料蔬菜的殘枝皮梗都丟入高湯或醬料裡一起燉煮增味，沒有絲毫浪費，一切以味道好為準則。這比我平日工作時精雕細琢的細

哈里沙辣醬的基底

哈里沙醬烤羊肉，配中東式脆餅沙拉
（Fattoush）與石榴糖漿。
圖片提供｜王循耀

絲小丁正圓長方狀切工要輕鬆的多，是兩派完全不同的烹飪哲學。

　　烹調醬料時，派翠夏會很細心的叫我逐步品嘗，然後跟我討論目前整體味道是否還少了什麼元素。就拿烤羊排的醃料來說吧，它是一種名為哈里沙（Harissa）的北非式辣醬，通常含辣椒，番茄，大蒜，以及胡荽，孜然，肉桂等香料。我們試了酒店採購的現成罐裝哈里沙之後，派翠夏認為醬裡的酸味遠遠超過其他香料暗沉的基底，於是我們另開火炒香一鍋大蒜香料，再加入一大把有煙熏味的安丑辣椒（Ancho peppers）和其辣無比但果香濃郁的哈巴內洛辣椒（Habanero peppers），全部與高湯燉煮後打爛過濾，再和入原本現成的哈里沙。這麼調配後，基底的煙熏濃郁和高層的果香酸辣的確平衡了一些，但兩種味道還是分得很清楚，各自劍拔弩張。為了「調和一下」（To round it off），派翠夏加了幾匙蜂蜜，叫我再試。奇怪的是，加了蜂蜜的醬料絲毫嘗不出甜味，但高低兩層次的味道卻很微妙的融合為一了！我這才體會到原來調味跟廣告裡談的香水一樣，也要考慮所謂的前、中、後味。不知她

晚餐前大廚對前場服務人員講解當日菜色。

收工後我與大廚合照。

這種調味的技巧跟生化博士的背景有沒有什麼關係呢？

　　這回在吉隆坡做菜，除了跟在大廚派翠夏身旁獲益良多之外，跟威士汀酒店裡Qba餐廳的廚師們相處也特別愉快。Qba的六人小組有一位印度裔的大廚，三位馬來裔廚師主掌魚類海鮮與蔬菜麵飯，以及兩位華裔廚師分掌肉類與生冷前菜。一聊之下才發現這些年輕廚師是馬來西亞酒店餐飲界的菁英部隊，幾乎每一個人都在全國烹飪大賽裡拿過大獎，對飲食與烹飪有明顯的狂熱，其中一位還是業餘的美食攝影家（見P150右圖）。我周旋在每個工作台間，只要一有機會，幾乎每個人都問我一籮筐跟吃有關的問題，比如「你對分子美食有什麼看法？」，「你比較喜歡大蒜辣椒麵還是培根雞蛋麵？」，「你最喜歡牛肉哪個部位？」，「吃牛排喜歡幾分熟？」……似乎從這些答案中可以一窺我的人格特質，比血型和星座更可靠。點餐的尖峰時期過去之後，我們很自由的炒了一鍋特辣的大蒜蚌殼貓耳朵麵，倒在鐵碗裡大家分享，和樂融融。老實說要不是想念老公的話，我真想留在這裡不回香港了。

10.
進入熱廚

　　結束了六個星期的冷廚訓練，我從11月中旬正式進入熱廚。早上與下午的準備時間就在蔬菜台幫忙，工作仍舊不外乎是削皮切丁之類的繁瑣雜事，只不過以前是在恆定15℃的冷廚裡直打哆嗦，現在則是在從早到晚不關火的大小爐台前喘嘘冒汗。

　　午晚餐上菜時間，兩位正規的蔬菜台師傅各自掌管一櫃子井井有條的備用材料與好幾十個鍋子，分別用來炒野菇燙青菜煎馬鈴薯或燉飯等等，總之菜單上幾乎每一道菜的配菜都由他們包辦，而且每一個項目都講究「à la minute」（現點現做），堅持等到上菜前最後一刻才下鍋，以確保火熱新鮮。由於每一種配菜要求不同的火候，上菜時間也各有差異，廚師們必須不時和其他的工作台喊話協調——如果掌肉的廚師還需要三分鐘才能把牛排煎到客人要求的五分熟，那麼用來搭配的野菇最好不要兩分鐘就炒好。我看他們左手甩鍋子右手抓料撒鹽，一個鍋子剛清空，另外兩個鍋子又上台，兩個人在那小小的空間裡伸展迴旋，很有默契的從來不撞在一起，那精準的韻律與專注的神情簡直就像在跳雙人芭蕾！

出菜時動作必須精準快速，擺得漂漂亮亮的盤子送到客人面前還必須是熱的。

　　這麼高難度的工作當然輪不到我這個實習生來執行（兩位蔬菜台的廚師雖說是廚房裡比較資淺的，都已有六年以上的大飯店資歷）。每到尖峰上菜時間，我就被調到出菜台跟隨大廚與副大廚學習擺盤。在Amber盛盤出菜真是記憶力與手工的大考驗啊！每一道菜似乎都有七、八種不同的裝飾配菜，每一種配菜都有很精確的擺放角度與位置，每一片葉子每一株根莖都得小心翼翼的安置在盤子上，像插花一樣。這裡的擺盤美學很歐式，醬汁從來不用揮灑的，不是直線、螺旋，就是圓點，絲毫沒有當今盛行的潑墨留白這種東方意境，而是均衡對稱的宮廷典雅，像凡爾賽宮的花園一樣富麗工整。

　　姑且不談美學的高下，這種精準的擺盤是很要求技術的，務必心細手巧。像製作橢圓形的蔬菜泥「可內樂」（quenelle）這種事他們從來不讓我做，就怕我做的不夠平滑渾圓，會砸了Amber的高貴形象。有時忙起來眼前有五、六個盤子急著要出菜，動作加快之餘，還是得一株一葉一點一線的按部就班來，否則擺歪抹暈或坍塌了，只得擦乾淨重來。眼前的盤子出不去新的盤子又來，被罵也就算了，最慘

熱廚的工作台上隨時都有這麼多鍋子。

的是被人嫌笨手笨腳，驅逐到牆腳邊乾瞪眼。有時候我真的很想大喊：「再給我一個機會，我沒有你們想的那麼笨！」被迫乾瞪眼的時候，我只好拚命猛記盛盤的設計，哪一道菜用哪一種盤子，哪一種配菜在哪一個抽屜，配哪一種醬汁，如何排列組合……如果在副大廚轉身找菠菜時我已經準備好大小一致的五片嫩葉而且滴上了正確的醬汁，另外一隻手還端著下一道菜需要的盤子，那麼我個人存在的價值可能會提升一點。

上任出菜台的第一天，我的右手拇指與食指就燙出了一排水泡，誰叫所有剛起鍋的滾燙菜餚都得用（消毒過的）手安置在盤子上呢！此外，盛菜的盤子都擺在90℃的烤箱預熱，急著出菜時沒人有空抓毛巾戴手套，都是伸手進烤箱直接拿盤子。痛雖痛，忙起來也沒有時間在意，幾天下來之前的水泡消了，也不見新的水泡再起，看來我的手指少說有三分熟了。往爐台的方向望去，十幾個瓦斯爐和烤箱熊熊的燒著，空氣灼熱到恍惚波動，像烈日下的沙漠一樣，後頭忙碌的人影有如海市蜃樓，我有點擔心自己是不是連腦袋都燒焦了。

Amber 的擺盤風格非常工整典雅。

在這裡蔬果常切為正圓形，擺放的位置角度都已事先安排。

這是經過解構重組的馬賽海鮮湯（bouillabaisse），把原本很隨性的家常菜色幻化為精雕細琢的前菜。

11.
粗話訓練班

　　我向來不覺得講髒話有什麼大不了的。小時候玩扮家家酒，只要我擔任的角色是爸爸，一定會很敬業的在每一句話前面加個「他媽的」。長大了一點，知道這在一般人的耳裡聽來不雅，也就識相的不用了，但仍舊見怪不怪。曾有一回家族聚餐時，我與一窩堂姊妹們互相比較自己爸爸最難聽的口頭禪，幾個小女生們於是輪番提出各種「操」與「蛋」的排列組合，一群媽媽嬸嬸們無奈的搖頭，一群叔叔爸爸們敲桌擊掌相互敬酒，只怕自己的女兒嘴巴不爭氣會讓堂姊妹們比下去。可幸的是，在這種環境下長大並沒有讓我們一家女生變得特別粗野，只是耳濡目染多了層免疫力。我們很清楚的知道字面的含義與內心的情感無需對應，也認為在適當的場合講「難聽的話」可以拉近人與人之間的距離。

　　這或許也是為什麼我對廚房的工作從一開始就感覺很合適吧，畢竟廚師們粗言粗語是出了名的。最近《紐約時報》飲食版專文報導廚房裡言語污穢的現象，導火範例是最新一季的電視節目〈Top Chef〉完結篇，據說其中參與決賽的廚師們頻出穢言，電視台消音用的嗶嗶聲連綿有如警報。此外，藝文週刊《紐約客》最近為餐

飲界新星──Momofuku餐廳的韓裔主廚David Chang──做人物專訪，整篇文章充斥著平日不登大雅之堂的字彙，據說讓不少文雅的讀者看得目瞪口呆。廚界對這個現象的反應有點不置可否；David Chang本人表示，他會說這麼多髒話實在得怪自己表達能力不好，如果有口才哪裡需要靠髒話加強語氣？幾位〈Top Chef〉的參賽者也很無辜的解釋他們被自己電視上的言行嚇了一跳，因為講髒話真的不是故意的，只是在廚房裡一進入情況就很自然的會蹦出一些F開頭的字。此外，以揭發廚房怪象聞名的大廚兼作家安東尼‧波登比較刁鑽油滑，他認為媒體與大眾對廚師講髒話這件事情那麼有興趣，代表廚師的社會地位已大幅提升，他每次舉辦簽書會的時候都覺得有責任對著台下的觀眾講點髒話，要不然他們會很失望。

看了這麼多電視，我本來以為進廚房工作必然可以練就一口流利的辱罵辭彙，等真正入行才發現，罵人是大廚的特權，廚師與學徒們只有被罵的份。我進Amber工作沒幾天就見識到了大廚發飆的威力──一位師傅煮好了義式燉飯被大廚整鍋摔在地上，「你以為這是什麼，廣東粥嗎？現在就給我滾回家，你這個一無是處的白癡！」另一位平日極受重用的年輕女師傅一時也忙不過來，上菜晚了幾分鐘，大廚高聲怒斥：「Stop being such a f@*#ing housewife!」（X你媽的家庭主婦！）

只見這位女師傅不瞪眼跳腳也不怪大廚性別歧視，只加快手腳大聲回應：「Yes, Chef.」那位被罵白癡的師傅也沒有真的轉身回家，只是退到後台清理，一切重新來過。我這才意識到，在廚房裡要存活下去，必先鍛鍊一身的厚臉皮與粗神經，大廚羞辱你祖宗八代也得忍氣吞聲，如此苦修十數年，成正果擔大任時開口罵人必然流利。

12.
神鬼交鋒

幾年前的電影〈神鬼交鋒〉（Catch Me If You Can）裡，主角李奧納多・狄卡皮歐仗著一張厚臉皮，招搖撞騙，先後佯裝航空公司機長、律師、教授等等，無論以何種角色出現，總是昂首闊步自信滿滿，搞得身旁的人一愣一愣信以為真。我記取電影學來的教訓，上禮拜也來了一段神鬼交鋒，遠赴雅加達扮演資深廚師。

事情是這樣的，上回派我去吉隆坡的餐飲顧問校友前個週末來電，問我星期二是否能跑一趟印尼雅加達，支援加州名廚麥克・瑞德（Michael Reidt）在當地的客座筵席。校友本人臨時無法隨行，需要有人就近為大廚麥克打點廚房與生活上大小事，所以找上了我。工作不支薪，但這回不只安排酒店食宿也包括機票。

反正我目前是哪裡有廚房實習的機會就往哪裡跑，Amber的大廚又願意放人，所以馬上就答應了。尷尬的是，印尼那邊負責接待的餐飲集團完全搞不清楚我是哪一號人物，只知道校友臨時從香港請了一位廚師來支援，所以認定我是資深大廚，遠道友情客串麥克・瑞德的副大廚，一切招待遂以貴賓規格為準。

大廚麥克的招牌菜：香煎海鱸魚配油燜腰果與胡蘿蔔醬。

　　我下了飛機馬上就有專人到閘口迎接，連排隊都不用，直接護送通關。到了出口，一輛賓士汽車等著我，車門邊站著一位長腿美女，是兼職模特兒的公關小姐，此次專門負責安排我的行程。我騎虎難下，只好將錯就錯，採用「不問就不說」（don't ask, don't tell）的策略，輕描淡寫的自我介紹是香港置地文華酒店的廚師，很榮幸有機會來到雅加達。

　　到了下榻的五星級酒店，終於見到了此次活動真正的貴賓大廚麥克。麥克成長於波士頓，所以一聽說我畢業於查爾斯河對岸的劍橋廚藝學校，立刻像遇到同鄉一般，勤問我最喜歡波士頓周遭的哪些餐廳。他本人從事法式廚藝多年，一次休假旅行，行至巴西愛上了當地的飲食與文化，不但娶了一位美麗的里約市姑娘，從此也投身鑽研以法式手法呈現的巴西風味。2001年他獲得《Food and Wine》雜誌年度廚界新星的榮譽，後來定居加州聖塔芭芭拉市，開了一間名為Sevilla的餐廳。這次出門是因為想念旅行的滋味，印尼行程結束後也打算在東南亞一帶走走。他聽了我誤打誤撞變貴賓的遭遇只覺得好笑（雖然也氣主辦單位沒派女模特兒去接他），表示不打算掀我的底，還當場借我一套他自己備用的大廚白袍，說是「這樣比較有團隊精神」！

到了餐廳後，平日掌廚的義籍大廚馬可非常禮遇的騰出一個工作台給我，副大廚維特問我是否介意屈就冷台，因為兩位冷台的師傅資歷比較淺，若沒有我的指導恐怕無法獨立執行客座大廚頗為複雜的菜單。聽了他的要求我頓時鬆了一口氣，因為我畢竟有點冷台的經驗，如果上了熱台，我甩鍋子的技術這麼差，很難不穿幫。工作定位後，麥克首先叫我把一簍子蔬菜切成brunoise（小丁），說是要考驗我的刀工。誰知切小丁我最會了，在Amber做兩個月學徒可不是白幹的！我舉起刀子埋首於砧板，一抬頭才發現身邊圍了一群大廚小廚，他們看我台上堆積的五公釐見方蔬菜丁，個個肅然起敬，似乎在想「香港來的貴賓果然不一樣」。我這才知道原來在一般的餐廳裡，所謂的「brunoise」只要隨便剁剁就好，沒有人講究完美工整。大廚麥克笑說，跟我的精細刀工比起來，他切的芹菜丁看起來像是果汁機打的！

由於當地的廚師們英文不太行，有疑難不好意思直接請問大廚，所以全都來找我。我在香港的廚房裡練就了一口流利的洋涇浜，外加比手畫腳，溝通順暢無阻，如有需要甚至還可以幫麥克做翻譯，把他的標準英文轉化為亞洲通用的廚房英語。傳達了幾回指令後，我還真的有模有樣，狐假虎威的管理起廚房來了。四處巡邏時我偶爾提醒大家火關小一點，鹽再多一點，不新鮮的蔬果換掉重切等等。休息時間，吧台問我要不要喝點什麼，我竟然很反常的要了一瓶啤酒，話一出口自己都有點驚訝，只怪是扮演副大廚太入戲了！

麥克說他在廚房的底層熬了八年才升上副大廚，而我憑著一番誤會，出道六個月就有機會做三天的副大廚，威信不足，過癮有餘。可惜美景不長，三天後我褪下借來的白袍，又得回Amber揀菜葉了。

13.
大廚的養成

　　聖誕前後Amber餐廳每天客滿，我在廚房裡從早上十點站到晚上十點，早晚加起來頂多半小時可以坐下來在員工餐廳用餐。一週三日下來，我全身沒有一處不痛，一旦坐下就形同癱瘓，非得雙手挺腰才能再站起來。但我的辛苦和其他人比起來又算得上什麼呢？全職的廚師們一週工作六天，有些人早上不到八點就進廚房，晚上不過十一點回不了家。雖然合同上說好了一天工作九小時（下午應有三到四小時的休息時間），但勞資雙方都很清楚這只是寫著好看的理想狀態，實際上慣性超時是理所當然的，而加班費根本免談。

　　由於長時間過勞與睡眠不足，大家沒時間聊天也懶得談笑。我剛來的時候不識時務，一有機會就找人搭訕，加上多重語言障礙搞得大家很煩。問他們「喜歡吃什麼？」，「對做菜有什麼想法？」，「將來有什麼目標？」，大家看著我一副很無奈的樣子，累都累死了，誰有時間談想法與目標？後來我學乖了，可以削皮切片幾個小時不出一點聲音，而且以佔據最少的空間為原則，基本上是個以反覆動作求得最高效率的工廠操作員，唯一的成就感就是看到自己的雙手越動越快，似乎獨立於疲憊

的身心。我常常想，同樣的差事若能大夥兒圍在一張桌旁邊做邊聊，甚至唱唱歌，聽聽音樂有多好啊！

　　我問同事們是否曾向大廚反應長期超時工作的不合理，他們說有啊，但大廚說你們動作快一點就可以早點休息下班呀。我剛聽到這個回應時心裡忿恨不平，以前讀的馬克斯概念如「疏離」，「剝削」，「剩餘價值」等一一浮上心頭。但上回的雅加達之行與美國來的大廚麥克與義大利來的大廚馬可閒聊之餘才發現，這問題不僅止於我所工作的餐廳。原來慣性超時與不領加班費是廚藝事業的國際通用準則（服務生是有加班費的，只有廚師沒有），而且這種情況通常在越高級的餐廳越嚴重。大廚馬可說他曾在德國一家米其林三星的廚房任職，一天工作最多高達十八小時，整整兩年沒有見到太陽。大廚麥克說他二十多歲的光陰完全獻給了廚房，沒有女朋友，沒有娛樂，沒有生活，但也沒有怨言。他說廚藝的養成別無他途，要成為全方位的大廚唯有靠多年的犧牲奉獻，不但不能抱怨，還要做得比別人更多。又說：「這一行本來就辛苦，如果不能接受長期嚴格的訓練大可轉行，沒人攔你。」此番「物競天擇，適者生存」的說法，在我這個剛出道的實習廚師耳裡聽來別有一種「媳婦熬成婆」的嚴苛與悲情。誰說一種制度因為向來如此就該理所當然呢？但反過來說，我還沒熬過來，又怎麼知道這不是過來人的智慧？

　　眼看廚房裡的同仁們個個賣命追隨這百年一貫的廚藝養成魔鬼訓練。蔬菜台的阿凱在這一行已經熬了六年，本地廚藝學校畢業後，在另一家知名酒店裡完成了兩年的學徒訓練，目前是Amber廚房裡的一級基礎廚師（Commis Chef，分為三級）。他平常安安靜靜的，幾次因為動作慢了點被大廚罵得狗血淋頭也不動聲色，

完全摸不出底。有一回他竟然主動開口對我說，「我已經連續十天沒有休假了，明天終於可以回家看我媽媽。」我聽了一陣鼻酸，原來鐵人也有脆弱的一面啊！

安妮是熱廚裡（除了我之外）唯一的女生，她身材嬌小臉蛋清秀，從小在加拿大受教育，所以中英文流利。大學畢業後因為有志成為大廚，她五年之間先後在日本，澳門，與香港的幾家頂尖餐廳裡從學徒做起，目前是Amber餐廳魚類工作台的負責人，每天掌管所有鮮魚的清理切割與烹調，技術一流。大廚顯然非常賞識安妮的聰明與野心，所以破例讓她從之前的Garde Manger（冷廚）直接升到Poissonier（魚台），跳過中間最煩瑣的Entremetier（蔬菜台）。我問安妮下一個目標是不是鎖定Junior Sous Chef（助理副大廚），她說，我「肉台」還沒做過呢，經驗不足哪裡輪得到我？五年下來，日復一日的廚房工作讓她感到非常疲憊，體力每下愈況，很想休息一陣子，出國進修餐飲管理，但工作繁忙根本沒有時間申請學校，而且目前的積蓄也付不起學費，不知何去何從。

阿倫是廚房裡最活潑的廚師，2006年才從英國的餐飲學校畢業，到Amber剛滿一年。我十月剛認識阿倫的時候，他信心滿滿的，立志成為香港第一個米其林三星大廚。幾個月連續加班下來，我問他是否曾後悔走這行，他說「天天都在後悔」，目前已開始準備轉行報考空服員。

志雄才剛來一個月，之前在另一家知名餐廳工作了兩年。他家住新界，每天一大早就得出門坐火車上班，下班後還要接女朋友吃宵夜，然後趕最後一班車回家，一天睡眠頂多四小時。我問他為什麼看起來總是精力充沛，別人吃飯打盹，他卻是

攝於澳門皇冠酒店奧羅拉餐廳，法國米其林三星名廚 Jean-Michel Lorain 客座主廚時，
旗下團隊擺盤淋醬，預備出菜的景象。

一臉朝氣？他說一是他還年輕，才21歲，吃得了苦，二是他上班的時候不准自己
累，因為一旦承認疲勞就很難支撐下去，所以他就算有機會也寧可不坐下來休息。
他對烹飪的熱情溢於言表，每一種小技術都要求盡善盡美，而且一有空就跑到書店
裡研讀大部頭的經典食譜與教材。談到廚房裡食材的過度丟棄他比我還心痛，會非
常主動的節制浪費，收集本要丟棄卻明明可用的蔬果去給其他的廚師燉高湯。有時
候我懷疑志雄是不是我疲勞狀況下精神分裂所創造出的理想人物，但眼睜睜的看他
東忙西忙，和其他人應對也和氣又禮貌，應該是個活生生的小伙子。在這個理想麻
痺意志低迷的環境下，志雄讓我重新看到希望。

14.
心血換來的晚餐

　　2008年1月4日星期五晚上，一反平日穿著白帽圍裙在廚房裡為晚餐備戰，我手牽著Jim、腳踏著高跟鞋走進置地文華酒店簡約中透著豪華的大門。這大門我在過去三個月每天經過卻是咫尺天涯──通往廚房的員工入口是旁邊商場電梯間裡隱藏著的一個小門，進出小門要打卡與安檢，小門後面的世界是狹窄的走道，無窗的廚房有慘白的日光燈與抽油煙機的轟隆聲──很難想像跟眼前的富麗堂皇只隔了一扇牆。當天是我們結婚二週年紀念日，我為期三個月的廚房實習也正式結束。

　　我們本想豁出去自己掏腰包來Amber享用大餐，沒想到大廚李察慷慨爽快，「讓我來安排吧。」他說，「You'll be my guests.」

　　走進Amber餐廳，法國籍的經理隨即上前問好。這經理平日常到廚房裡與大廚商討事情或是對客人品頭論足，但從來不跟我們這些小廚師講話。「我可以幫你拿外套嗎？」（May I take your coat, Madame?）他竟然叫我「夫人」（Madame）！顯然沒有認出我是誰。

Amber 的室內空間由世界知名的 Adam Tihany 設計，
天花板的造形以具有現代感的巨型銅管代替傳統的水晶吊燈。
圖片提供 | Janine Cheung

　　負責帶位的小姐倒是認出我了，她很會心的跟我微笑，然後帶我們穿過懸掛著巨型銅管的大廳，來到一張可以環顧全場的桌子，桌子上撒滿了玫瑰花瓣，還有兩張特別為我們準備的菜單。打開印滿兩頁的Degustation Menu（賞味菜單），我傻眼了：每人總共三道小菜，兩道前菜，兩道主菜，三道甜點，五杯佐餐酒！這可不是一般的燭光晚餐，這是可以讓人傾家蕩產的盛宴（談錢顯得俗氣，但我忍不住要講，這一餐大概要五千港幣／兩萬台幣）！大廚是開恩了。

　　首先來的是三道精巧的開胃小菜amuse bouches，有竹籤插著如棒棒糖般的桑葚果凍包鵝肝，一小杯朝鮮薊濃湯上浮著一層火焰輕炙的帕馬森乳酪，還有形狀如芝麻湯圓的白花椰菜泥包魚子醬配小青蔥泡沫。我很得意的告訴Jim，每一道的製作環節是由哪一位同事負責的，而如果我在廚房的話，那濃湯上的微焦乳酪通常

煎干貝配金橘咖哩醬
與酥炸白花椰。
圖片提供 ｜
Janine Cheung

就是我用火炙燒的。

　　一道完整的菜擺在燭光下美酒旁，感覺跟廚房裡大相逕庭，吃起來也很不一
樣。大部分的食材我在廚房裡都嘗過，但單嘗一口干貝怎比得上眼前的煎干貝配金
橘咖哩醬與酥炸白花椰？這裡的招牌螃蟹前菜講究的是五種口感與四重溫度的對
比，分別用沙拉，凝凍，泡沫，熱湯與冰淇淋的方式呈現。雖然我對這每一種型態
的製作都已熟悉，全部擺在一起先後品嘗還是頭一回。不同口感與溫度相互對應下
產生的樂趣與能量，大大超過單一菜色的美味。其實美味在這裡應該只是基礎，而
設計一道菜真正的動力似乎是挑戰感官的預設立場，打破對特定食材的單一想像，
箇中野心睥睨現代藝術。好不好吃就見仁見智了——我覺得螃蟹本已濃郁，透過多
層堆砌，吃了容易膩，但 Jim 卻是驚為天人。

整頓晚餐的過程中，我的腦海裡不斷的切換畫面，以前是在廚房裡想像外面的衣香鬢影，現在真的坐在這裡卻忍不住回想起廚房裡的忙碌吵雜。侍者剛收走一道盤子，我就開始想像大廚命令執行下一道菜：「Can go table 40, two John Dory.」（40桌上菜，兩道魴魚。）這時Poissonier會開始煎魚排和小烏賊，Entremetier會準備好切成圓形的烤紅椒並煎熟幾片西班牙辣香腸與小珍珠洋蔥（那洋蔥八成是我剝的），Saucier會把紅椒汁加熱並打成泡沫，出菜台前會有人把煎好的香腸切成細條，與烤香的南瓜子一起撒在餐盤底。如果我在的話，我很可能正在把茄子泥塞進煎好的烏賊肚子裡，然後沾上一層荷蘭芹（parsley），依序與洋蔥交錯擺在盤子的外緣。最後Sous-Chef會把剛煎好的魴魚安置在盤子的中央，加上兩片嫩葉與紅椒片點綴。醬汁會放在船形容器裡，由侍者在桌邊盛倒。這過程中大家同時進行另外十幾桌點的菜，難免手忙腳亂，可能有人挨罵。我想起來忍不住打個哆嗦，很慶幸今晚自己是座上賓。

　　上菜的速度很悠閒，一道接一道不疾不徐，主菜鹿肉配野菇與漬甜菜吃完已經十點了，廚房裡大夥兒大概已經慢下來開始準備收工了吧。我三杯酒下來有點多愁善感，雖然還有乳酪與幾道甜點等著上菜，卻等不及想進廚房裡打個招呼。拉著老公越過隔音牆後，日光燈下的世界頓時映入眼簾。大廚迎上來與我們問好，我感動與感謝不及，語無倫次。接著繞過每個工作台，同事們一一上來打招呼。我穿著洋裝與高跟鞋站在那兒有點尷尬，一肚子的感觸也憋著說不出來，只好借醉裝傻，但也真正意識到我只是個過客，今晚吃完飯後就不用再來上班了。

分工細緻的煎魴魚。
圖片提供｜
Janine Cheung

主菜是野鹿肉配野
菇、漬甜菜與胡椒
櫻桃。
圖片提供｜
Janine Cheung

15.
Beo 有機廚房

早聽說我住的這棟大樓裡有一位在酒店工作的美國大廚，只是沒人引見，一直沒機會認識。不久前有一回出門買菜，回家時在路上看見一位微禿小胖，戴眼鏡蓄小鬍且一臉和善的中年白人，直覺猜測這就是久仰大名的鄰居。路口轉個彎他跟我進了同一個社區，然後直行前往78號大樓，上了電梯他拉著門等我進去。

我實在忍不住，索性開口問：「你不會是邁克吧？」

「你不會是21樓的那個名字我不會發音的廚師吧？」他問。

「是啊，我從馬路上就猜想是你。」

「我也覺得八成是你。」

原來廚師與廚師之間是可以互相感應的！（還是我身上有油煙味？）

邁克剛離開一家酒店的副大廚職位，受人禮聘為一家全新的餐廳策畫掌廚。新的餐廳名叫Beo，是Beautifully Organic的縮寫，一切食材從蔬果魚肉到酒醋香

我們每天都會準備一大盤新鮮
的蔬菜水果，擺在餐廳入口的
吧台，看來賞心悅目。
圖片提供 | Janine Cheung

料都是有機的。距離餐廳開幕還有兩個星期，目前內部仍在大興土木，但邁克與他
手下的七名年輕廚師已開始正式上班，每天測試演練菜單。我自告奮勇也加入了他
們的行列。

　　Beo 的菜單走的是新派義大利菜系，大廚邁克喜歡在經典上做花樣，打破甜與
鹹的疆界，所以牛排的紅酒醬汁裡有焦糖調味，龍蝦湯裡有淡淡香草（vanilla），
甜點有包了巧克力的麵餃（ravioli），還有用無花果和波特酒燉的甜飯（risotto），
處處是巧思，但作法都不複雜。上工的第一天，大廚示範新鮮義大利麵的製作，彩
色的麵團裡有的拌了芝麻菜泥，有的是鮮紫的甜菜頭。不管是什麼蔬菜，大廚叮嚀
千萬不可以把菜泥打得太稀爛，最好留一點顆粒與纖維，切出來的麵條才會斑斑點
點，有自然樸趣。顏色如果太均勻，他說：「還不如用色素調麵或是買現成機器做
的好了！」

　　濃湯也一樣，所有要打泥調糊的東西都必須保留一點粗糙的質感，這跟我在

哈里布魚塔

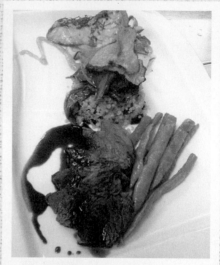

三合一的主菜拼盤

Amber學的那套大相徑庭。在Amber所有的蔬菜濃湯與馬鈴薯泥都得先用果汁機打個好幾分鐘以確認稀爛，然後再一點一點的用軟膠版刷過細網，過濾每一丁點的纖維殘渣，直到絲滑細膩，像貴婦人做了雷射磨皮與魚子醬護膚後的凝凍美肌。如果Amber是貴婦人，Beo就是個有雀斑的爛漫女生，而且吃得高興還要到草地上滾一滾的那種。

邁克手下好幾個廚師都是大飯店跳槽過來的。三十出頭的志勤之前在一家米其林三星大廚——羅布松（Joel Robuchon）開的香港分店裡的點心房工作，跟著日本來的師傅學做法式糕餅。據他說在那個廚房裡嚴禁開聊，除了大廚偶爾開口罵人以外，沒有什麼聲音，實在悶的發慌。他說：「你知道，我們香港人和台灣人一樣，不講話是沒辦法做事的。」這我真是再同意不過！

為了策畫這家餐廳，邁克花了幾個月的時間與新界一帶的有機農莊建立關係，甚至說服一些當地的農夫為他種植目前只能從國外進口的西式蔬菜，為將來鋪路。

大廚邁克示範製作義大利麵。

當天我負責油炸。

這種大廚與農夫合作的模式近年來在歐美國家特別為人津津樂道，因為在經濟上它有助振興本地農業，對全球化機制下大型農場的傾銷壟斷有積沙成塔的抗衡作用。在環境上，有機耕作防止農藥對土壤與生態的污染，就近採購也減少長途運輸的燃油消耗。

但就算撇開環境與倫理不談，越來越多的大廚們開始堅持使用當地的有機作物，因為他們發現新鮮的食材做出來的菜就是比較好吃——即使葉子有缺角，但青翠鮮嫩，不馬上冷藏也不會爛掉；番茄蘿蔔可能奇形怪狀，但吃起來有番茄的香、蘿蔔的甜，不像溫室培養或大量耕作的品種，中看不中吃；雞隻可能沒有進口飼料雞的胸脯肥厚，但肌肉緊實，沒有抗生素與荷爾蒙，烹調起來格外噴香。這一派回歸田園的大廚們相信，只要堅持吃的好，我們的環境自然會更美好。

在嘰嘰呱呱的廚房裡快樂的做菜，然後想像自己能為世界盡一份心，那種感覺是很振奮的。

16.
哈台幫廚師

回台灣探親幾天，返港一上工，發現Beo的廚房裡竟然颳起了一陣哈台風，原來點心師傅阿勤上星期也休了幾天假跑去台灣拍婚紗照。問他為什麼要這麼麻煩大老遠跑台灣，香港這幾年不是也開了好幾家婚紗公司嗎？他說：「這可不行，香港拍的全是一個模子出來的，把人頭剪下來貼上去就行了，只有台灣的攝影師才能拍出個人特色。而且台灣地方大景點多，淡水，陽明山，台中我都有跑喔！」

大夥兒聽得一愣一愣的，年紀最小又取名Nano（也就是奈米科技的超微粒子）的小帥哥忽然說：「如果能交個台灣女朋友就好了！」

「是嗎？」我很驚訝，「台灣女生比香港的好嗎？」

「當然啊！」好幾個廚師轉頭答應。他們搶著說：「台灣女生溫柔嘛，可愛嘞，脾氣也好啊……香港女生太驕傲，而且就喜歡名牌……唉！」

這聽起來像是一群沒機會跟女孩子講話的靦腆廚師的癡心幻想。我不忍心告訴他們其實台灣女生也很喜歡名牌，而且凶起來很可怕。就讓他們把一腔少男的美夢

小珊調製麵糊，又要量溫度又要測濃稠度，頗有大將之風。

大廚邁克示範擺盤。

投諸台灣吧（奇怪的是他們好像不把我這個台灣人當女生看。有一回我在儲物室換衣服，一位服務生開門闖進，嚇了一大跳，然後拚命道歉。廚房裡的同事對他說：「沒關係啦，她是廚師嘛！」好像廚師沒有性別的一樣！）。

廚房裡唯一的香港女生──年剛二十，削一頭短髮的小珊不屑的說：「他們都去台灣好了，我比較喜歡美國。」小珊對美國的嚮往來自她對R&B與爵士音樂的熱愛，最喜歡雷·查爾斯（Ray Charles）和查特·貝克（Chet Baker），近來迷上約翰·柯川（John Coltrane），每天用MP3錄下不同的曲目帶到廚房裡播放。此刻喇叭裡正傳來法國爵士女伶瑪黛琳·蓓荷（Madeleine Peyroux）的〈Dance Me to the End of Love〉，小珊放下刀子說：「注意聽，這首很好。」

廚師界的少男偶像團？

　　但慵懶的爵士樂沒放多久就被男生們換成台灣樂團MC Hotdog哈狗幫的「我的生活放蕩……」，接下來是周杰倫的新專輯。我心想不管放什麼音樂都比我以前工作的廚房好，那裡沒有音樂，偶爾有人哼兩句都是「跑馬溜溜的山上，一朵溜溜的雲喔……」，害我一直以為〈康定情歌〉在香港很紅。

　　忙完午市後，我們用殘羹剩菜做了一桌員工大餐。我把里肌肉拍薄用醬油和五香醃過，裹了粉油炸就成了台式炸排骨。阿勤從台灣帶來了鐵蛋、牛肉乾、鳳梨酥和太陽餅，我也帶了一盒芋頭餅和蛋黃酥，所以這一餐吃的很「台」。席間連愛美國的小珊都開口說：「不知道拿香港的護照去台灣工作會不會很麻煩？」另外幾個人討論到：「將來存夠了錢，去台灣開家店多好……」

17.
開餐廳不容易！

OPEN

　　Beo正式開幕已經兩個禮拜了，生意慢慢有點起色，除了法國老闆自己的朋友以外，偶爾也有幾個自己走進來的散客。大廚邁克顯然承受了不少壓力，畢竟這是他17年的廚藝生涯中，第一次獨當一面。付出滿腔的理想與心血設計了一套全有機的地中海式菜單，成敗攸關個人名譽以及老闆的身家財產，所以期待特別高，負擔也特別重。好在邁克天性樂觀，眼見廚房裡一簍簍成本極高的有機蔬果因為賣不掉而日漸枯槁，他雖然心痛也不氣餒，仍舊堅持只用最好的，把次級的材料拿來煮高湯或是為員工加菜。據說中環一家頗有名氣的埃及餐廳當年剛開店時，頭兩個禮拜除了老闆的親友以外，顧客掛零，大廚在員工面前崩潰痛哭，但現在也熬過來了，午餐還非得訂位不可。相較起來，我們每餐有三、五個客人已經算幸運了。

　　這星期三我央請老公來捧場吃個午餐，Jim很聽話的拉了七個同事一起來。我在廚房裡雖然見不到他們，心裡七上八下的，因為這群人可是衝著我來的，花這麼多錢吃一餐，如果不滿意怎麼辦？我問大廚能不能「意思意思」招待個瓜果橄欖之

出菜時大伙兒全神貫注。

類的小點，以示歡迎，大廚說這種款待貴賓的道理他也懂，但目前資金抓緊，實在沒能力招待，就讓他們吃麵包吧。

意外的是同一時間竟反常的來了五桌客人，總共二十幾個人同時點菜，這對其他的餐廳算不了什麼，對我們可是空前的盛況與挑戰。

當天廚房掌燒烤台與炒菜台的廚師同時休假，所以大廚邁克只好親自跳到炒菜台，並讓還在見習的菲籍廚師勞倫斯負責所有燒烤的任務。而我呢，平常只負責洗菜切菜的廚房助理（Prep Cook）忽然晉升為跑單員（Expeditor），負責平日由大廚主掌的流程管理，指揮大家在什麼時間做哪道菜。這工作我雖然看了很多，卻是一點經驗也沒有。眼看點菜單一張張嗒嗒嗒嗒的打印出來，全部的人等著我發號施令，我只好鼓起勇氣大喊：「Ordering two salads, one soup, followed by two steaks; one medium, one medium rare, and a halibut à la carte.」

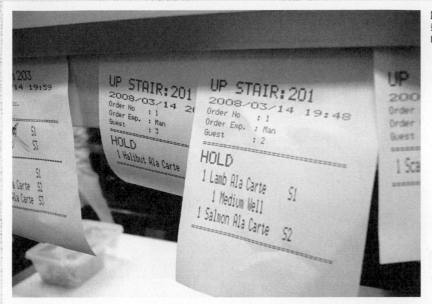

跑單員必須靠著這些點菜單管理廚房的出菜程序。

冰箱裡切好待用的配菜與醬料，如果兩天內沒用完，必須丟掉重新準備。

在副大廚羅傑的監督下，我負責把整條鮭魚去骨切片。

看到大家一個口令一個動作的忙了起來，我心裡浮起一股權力的快感！我把不斷打進來的點菜單掛成一排，每送走一桌的菜就撕掉一張，自覺頗有大將之風。不過新上任的大將難免也會出紕漏：我一邊煩惱八份不同熟度的牛排各自得請服務生送往哪一桌，一邊頭昏眼花的把205桌先點的沙拉和湯送往後到的203桌去。這兩桌的客人有沒有生氣我不知道，但順序一搞亂，我接下來陣腳全亂，好幾次還得親自端著盤子跑到樓上緊急補菜。初次主管燒烤台的勞倫斯乍看之下臨危不亂，但仔細一看卻是滿頭大汗，一臉驚恐。事後他說有好幾回我連珠砲下令上菜，他一耳進一耳出，腦子裡一片空白，還好有邁克在一旁耳提面命才不至於完全亂了手腳。邁克真有兩把刷子，記得自己要做的菜還能記別人的菜和順序，不愧是大廚。

當天回家Jim報告說午餐好極了，每一道菜都漂亮又可口，而且創意十足，他的同事們都說一定會再帶家人朋友來。唯一不理想的是上菜的速度太慢，主菜用畢後竟然等了二十分鐘才上甜點，這些服務生的訓練實在有待加強！我不好意思告訴他其實是Expeditor的技術差了點，只說你下個禮拜再來服務一定會改進！

本日午間特餐：薄片
牛排配烤蘆筍與庫
斯庫斯。
圖片提供│Janine
Cheung

裹上芥末麵包粉的
烤鱈魚，搭配時蔬
與青醬。

18.
員工餐

    Beo的菜單上沒有幾樣菜低於兩百元港幣，反之Beo的員工餐每天預算兩百元，要餵飽廚師加服務生共17個人。這樣聽起來好像有點苛，但說實在話，我們吃的好極了，我每天只要想到Staff Meal就很興奮。

    下午兩點過後等午市的人潮一散，我們就開始交頭接耳的討論今天有什麼果皮菜渣或是賣不掉快發爛的蔬果魚肉可以拿來加菜。「啊，今天有一盆切剩的牛排邊角肉，還有一堆快爛掉的番茄，多出來的紅椒丁和檸檬皮……要是有點紅酒就好了。」副大廚羅傑已經開始動起腦筋。

    過一會兒不知怎麼的半瓶紅酒就出現了。阿熙師傅快刀切碎幾顆洋蔥，一把大蒜，三、兩根西洋芹，丟進最大的深烤盤裡，和牛肉番茄紅椒與檸檬皮一起甩開鋪平。羅傑隨後撒上一把鹽與胡椒，幾根枯槁的迷迭香與乾月桂葉，然後抓起瓶子咕嚕咕嚕的注入幾匙橄欖油，清水，與半瓶紅酒，最後又臨時起意丟進幾顆瓶底壓爛的黑橄欖，然後整盤推進160℃的烤箱裡，擦擦手去外面休息抽根煙。

一大盤由剩菜做成的美味燉肉。

　　我去外頭晃了兩個小時以後回廚房已聞到紅酒燉肉的香氣。這時 Nano 正在爐台上攪拌一大鍋湯，問是什麼來著，Nano 回答「Cream of Leftover Soup」（奶油剩菜濃湯），Yum！

休息時間，Nano也順便去中環街市買了幾棵菠菜，準備和蒜茸清炒。由於今天主菜用的全是剩菜，我們為老闆省了一小筆錢，兩百塊預算買完菠菜有找一百八！

當然也不是每天都有切剩的上等牛肉可以吃。通常為了省錢，我們會一次買個幾十磅的冷凍雞腿排，每天解凍一部分，連續吃兩個禮拜。負責員工餐的Nano特別喜歡泰國菜，所以紅黃綠咖哩雞都做得很拿手，配上蝦醬炒青菜，四季豆炒辣椒肉末真下飯！菲籍的勞倫斯一思鄉就想吃菲律賓的燉肉國菜Adobo，讓我們非常驚訝，原來只用醬油和醋就可以燉出一鍋香噴噴的雞肉。羅傑是尼泊爾人，善用香料做燒烤：他先在爐台上用小火把雞皮的油逼出來，然後把雞排丟進隨意調製的香辣優格醬裡醃個半天，用餐前再送進烤箱裡大火烘到焦脆，有點像北印度的坦都料理（Tandoori）。此外我們曾用豆豉炒雞，蔥薑蒸雞，香草燴雞，接下來打算來點宮保雞，海南雞，美式炸雞等等。

雖然雞還沒吃膩，一大箱便宜的冷凍豬肋排已經送到了，所以我們話題一轉，改談無錫排骨，荷葉排骨，可口可樂醃排骨，還有要去哪裡找木屑來煙熏正統的美式烤肋排（BBQ Ribs）……

19.
點心師傅

　　上午的準備工作告一段落後，我轉身找人閒聊，看見糕點台的阿勤正拿著本小冊子在上面畫呀畫的。問他在做什麼，阿勤說天氣熱了，大廚想把菜單上的甜酒燉飯和蘋果塔換掉，所以他正在構思幾樣清爽或冰涼的甜點。他為我解釋目前的想法——馬丁尼杯裡裝香草冰奶酪，上面鋪一層切成碎丁的白酒果凍，再加一球松露巧克力與細長的黃豆脆薄餅。另一道甜點他想用水果，但麻煩的是我們餐廳裡只能用有機材料，而目前唯一能訂到的有機水果都來自澳洲與紐西蘭。南半球的季節與這裡相反，所以春夏時令的水果如藍莓，覆盆子，水蜜桃等等都甭想了，只有遷就貨源，在葡萄柚身上動腦筋。

　　阿勤拿起一本日本的甜點雜誌找靈感。我問他：「你又看不懂日文，怎麼知道這些點心怎麼做？」他說：「哎，哪裡需要什麼說明？這些東西我只要看圖就會做了。」

　　他從口袋裡拿出一本破破爛爛的筆記本，側緣的裝訂早已脫線，參差不齊的紙張從黑色封皮邊突出來，麵粉撲簌抖落。翻開頁緣，裡面是琳琳琅琅一整本手寫的

一個吊兒郎當的小伙子對糖霜鮮奶油和巧克力這麼有辦法，怎叫人不想入非非？

西點配方：pate sucré, crème anglaise, l'opéra, dacquoise, praline……沒有任何特定的排序邏輯，也沒有製作程序，只見所需材料的公制比例。這在外行人看來形同天書廢紙，卻是阿勤十年糕餅生涯的心血結晶，一冊在手，什麼甜點也難不倒他，所有的創新口味不管加綠茶芒果椰汁還是蜜餞，都只是在基礎上做花樣，舉一反三，一以貫之。

我仰慕這本點心祕笈的同時，阿勤已為下一道甜點規畫出雛形：冰凍的Parfait式點心以葡萄柚慕斯做基底，上面再鋪一層薄薄的白巧克力慕斯，配上以葡萄柚汁熬成的粉橘色微酸糖漿，盤緣再以扇形鋪陳的新鮮葡萄柚妝點，一柚三吃！他說最好再以餅乾屑襯底，外加幾片裝飾性的長條脆餅以增添口感。大廚聽了他的解釋後若有所思的點點頭，然後說：「不如在餅乾裡加點羅勒吧！羅勒的青草香配上水

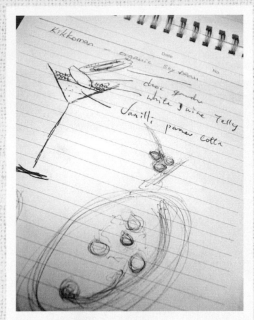

新甜點的構思繪圖。

西點配方都在這斑駁脫線的筆記本裡。

巧克力慕斯，配藍乳酪巧克力松露球與堅果脆餅。

一柚三吃：葡萄柚白巧克力慕斯、葡萄柚糖漿、焦糖鮮柚，配上羅勒脆餅。

無花果布丁蛋糕

香蕉蛋糕塔

果與白巧克力，可以帶來一點驚奇的效果。」他還建議在新鮮葡萄柚的表面撒一點糖，上菜前用火槍燒成脆脆的焦糖，這麼一來冰慕斯與熱焦糖形成溫度與口感的對比更為有趣，的確是畫龍點睛啊！

　　那天下午阿勤端出幾盤試作品給大家試吃，我們一擁而上，三兩下就把甜點吃得乾乾淨淨。法國老闆娘一副意亂情迷的模樣盯著阿勤，連聲音都變得有點肉麻。其實我想不只她，在場所有的人不管男生女生，那一刻大概都愛上阿勤了吧。這也怪不得我們，一個吊兒郎當的小伙子對糖霜鮮奶油和巧克力這麼有辦法，怎叫人不想入非非？

20.
好景不長

廚房裡一下子少了三個人。

餐廳自三月中開幕以來生意一直冷淡，五月本來已見起色，好多家報章雜誌來採訪，讓大夥兒鬆了口氣，怎知六月接連下了一個月的傾盆豪雨，香港所有的店家生意都受挫，我們尤其悲慘，好幾回顧客掛零，閒的發慌。七月中天氣好轉，客源慢慢回流，本以為危機已過，卻發現老闆手頭太緊，已經發不出薪水來了。

點心師傅阿勤的薪水是所有員工裡最高的，僅次於大廚，所以第一個被遣散。臨走前老闆叫他把過去四個月內設計的甜點配方與作法詳細寫下，阿勤火爆浪子一個，當場對老闆說：「可以啊！一個食譜付我八千元就賣給你。」

學徒廚師Nano上星期私底下為外場的調酒師煎了一份羊排，被大廚逮個正著。因是故犯，也馬上被革職。Nano臨走對我說：「我知道這是我的錯，但我是個廚師啊，有朋友肚子餓跟我要東西吃，怎麼可能不做給他呢？」

炒菜台師傅阿熙講兄弟義氣，看自己的好朋友忽然被革職了，一氣之下也遞上了辭職信，不管老闆和大廚苦苦勸留，拿了薪水就沒回來過。

星期一的午休時間，他們三個打電話約我到附近常去的茶餐廳聚聚，見了面大家一腔苦水，一陣唏噓。暑期是高級餐廳的淡季，因為有錢人都去度假了，所以找工作很不容易，只能自求多福，安慰自己難得放個長假。我想到平常喝完午茶還常陪Nano去街市買菜準備員工餐，這次散會卻各奔東西，真的很捨不得。雖說天下沒有不散的筵席，但這筵席也散得太早了吧！

後記

繼續慘澹經營一個月後，Beo終於在八月底正式宣告結業，從開幕到閉幕不滿半年，讓我親身體驗餐飲業的經營有多麼不容易，同時也無奈的加入全球暴增的失業人口行列。十二月底港澳版《米其林餐飲指南》首度發行，全港精挑細選169家餐廳進行評鑑，Beo也榜上有名，雖然沒有獲得星星殊榮，評價卻很不錯，被形容為「溫暖清新……每個烹飪步驟都是革新和創意之舉」。只可惜國際好評問世時，餐廳早已人去樓空。幾個月下來，同事們陸陸續續在別處找到了工作，而我則趁機給自己放個假，在家裡大動爐火，鍛鍊廚藝，養精蓄銳再出發。

開幕第一天順利完成雞尾酒派對時，全組廚師開心合照。

III.
飲食雜文

01.
憑感覺做菜

　　昨晚在家吃飯，Jim自願準備一道泰式青木瓜沙拉。我炒菜之餘，眼角瞥見他一會兒用石缽搗蒜頭辣椒，一會兒擠檸檬倒魚露，流理台杯盤狼藉，似乎忙得不亦樂乎。好不容易完成一道菜，漂漂亮亮的撒滿了香菜與碎花生，上桌後我舉筷一試，臉立刻揪成一團，連掩飾都來不及，實在是太鹹太酸到差點流眼淚。Jim自己吃一口表情也一樣。「我是照食譜做的！怎麼會這樣？！」

　　唉，就是因為照食譜做才會這樣。食譜是用來參考的，照單全收八成會走味。誰知道作者用的青木瓜是不是你的兩倍大，魚露是不是你的八成鹹？就算鹹淡適中，最後調好的醬也應酌量拌入木瓜絲裡，多出來的拿來做蘸醬也行，整碗倒下去還不如裝罐做醃菜好了。

　　專業廚房裡有兩大教條是每個有心下廚的人都應該謹記在心的。第一：準備工作要萬全，所有需要的工具材料都得清楚整齊的擺在眼前（專業術語是mise-en-place），緊要關頭才不會亂了陣腳。第二：調味的過程必須一嘗再嘗，用自

調味的過程必須一嘗再嘗，用自己的味蕾把
關比什麼都可靠。

己的味蕾把關比什麼都可靠。在 Amber 的廚房裡，大廚總是耳提面命「Taste everything」。他說：「我做廚師快三十年了，還從來不敢送出一道自己沒嘗過的菜。」專業廚房裡通常準備了很多塑膠湯匙，用完即丟，雖然不太環保，但口味品管的重要性不言可喻。

在廚藝學校裡，大廚們也常常強調技巧與理論固然重要，做菜最終得憑感覺。就拿生菜沙拉做例子吧，原則上沙拉醬的油與醋比例應是三比一，但如果生菜葉屬於深綠、較苦的種類，如西洋菜（watercress）或菊花葉（dandelion leaf），那麼醋的分量可以重一點，鹽也要多一點，蔥、蒜、芥末、香料、乳酪都可酌量添加，橄欖油也可以換成更濃郁的胡桃油，以此類推。反之如果生菜是青翠、甜淡的種類，酸味可以減少，可能幾滴檸檬，一點鹽和胡椒就夠了。調好的醬汁不論多美味，拌入蔬果後一定要再次品嘗，因為兩樣東西加在一起，口味的平衡又變了，很可能需要細部調整。

剛學做菜的時候看到食譜上寫「兩大匙」、「三小匙」，我總量得很仔細，看到「少許」和「酌量」就很頭痛。其實哪裡需要這麼拘束？你喜歡鹹一點就鹹一點，喜歡淡一點就淡一點嘛！

　　火候的控制也一樣，如果食譜上說「牛排以中火每面各煎四分鐘」，千萬不要計時四分鐘，先去上個廁所回來再翻面！做菜除了火力與時間之外還有太多的變因，如果牛排切得比較厚而且冰了很久，很可能外面煎到焦了中間還是血淋淋。所以火力是要調整的，下鍋後注意顏色與香氣的轉變，可能一開始中大火，然後轉中小火或是放入烤箱裡完成。有經驗的廚師用手指壓一下肉的表面就知道裡面有幾分熟（愈軟就愈生，愈硬就愈熟）。下次吃到熟度剛好合口味的牛排時，不妨用手指壓一壓，記住那個感覺。

　　比起煎煮炒炸，點心烘焙比較講究食材比例的精確，往往還需要磅秤來測量。但即使是烘焙點心也要能彈性應變。食譜上說用半杯水調麵團，最好加了1/3杯後先看看狀況，如果天氣比較潮濕，很可能不需要加足半杯。進了烤箱後，食譜說要烤30分鐘，如果滿20分鐘就聞到濃濃奶蛋香，不妨拿出來看看，很可能食譜不準，或是你的烤箱溫度飆高，再烤十分鐘就要乾硬燒焦了。

　　憑感覺做菜有時不免出錯，但越做越有感覺。緊盯著食譜做菜可能很有安全感，但一輩子都得看食譜做菜。

習慣成自然，在家做菜也「mise-en-place」，用小碟小碗盛裝切好的配料。

紅酒燉水梨

02.
細火慢燉

　　下雨或天冷的時候，如果剛好賦閒在家，最適合細火慢燉一鍋菜。

　　慢燉的好處是當所有的材料下了鍋，注入了湯水，鍋蓋扣上就可以擺著不管它。接下來的兩三個小時隨你看書、打盹、洗衣服，陣陣香氣聞得受不了的時候可以跑回廚房偷喝一口湯汁，順便檢查一下火候，拿叉子戳戳肉，看看燉爛了沒有。

　　慢燉的菜式種類繁多，幾乎每個民族文化都有他們自己的慢燉料理，如中式的紅燒，印度的咖哩，摩洛哥的Tagine等等。在西式烹調裡，慢燉的方法主要分為兩種：braising與stewing，在此我特別談前者。braising一般翻譯為「燴」，是要先乾煎，再用小火與少量汁水慢燒，這比純粹用湯水燉煮的stewing稍微麻煩一點，但口味比較濃郁，層次變化也比較多。經典的法國鄉村菜如勃艮地紅酒燴牛肉（Boeuf Bourguignon），紅酒燴公雞（Coq au Vin）都是標準的braise料理。

　　但其實何必追隨經典的食譜呢？braising是家常料理，唯一講究的是一套掌握

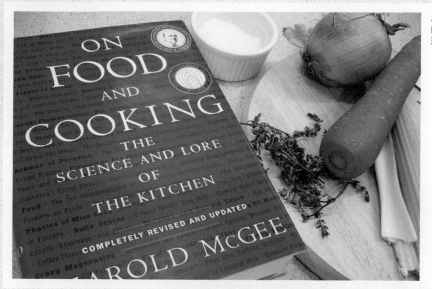

馬基這本逾八百頁
的著作被喻為烹飪
理論的聖經。

火候的基本技巧，至於鍋子裡要放什麼肉什麼菜，什麼湯什麼酒，全憑個人喜好與

手邊有什麼存糧來決定。由於烹煮的時間長，越是老硬多筋的便宜肉——如腱子，

肋條，牛尾，老母雞，大公雞——越適合下鍋，讓小火溫和的把肌肉與筋骨燉得酥

爛，融入於湯汁，和蔬菜辛香料調和成一氣，即大功告成。

　　理想的燉肉鮮嫩多汁，內部呈淡淡的粉紅色，飲食科學專家哈洛·馬基解釋，

這是因為小火均勻受熱的狀態下，肌紅蛋白（myoglobin）不受破壞、流失的獨

特現象。其實整個慢燉的過程中，鍋裡不斷的發生化學變化，掌廚的人就算不懂

其間的原理，也能以鼻目口舌分辨得出來：首先是煎肉導致的梅納反應（maillard

reaction）讓金黃的表層釋放複合的味覺元素，洋蔥與蔬果受熱釋出糖分，酒精遇

熱揮發留下果麥香，肉裡的膠原蛋白遇水受熱融化為膠質……每一種食材在久煮之

後都會放下身段，把原來張牙舞爪，性格鮮明的一面幻化為整體圖像中的一分子。

最後酒不澀，湯不膩，肉不腥，香料不嗆，只留下一股說不出的和諧，完整中有層

次，層次中有完整。

燉一鍋菜就跟中古的術士煉金一樣，有點像科學實驗但更像變魔術，只要耐心等兩三個小時，就可以見證化平凡為神奇的完整過程，而且馬上可以坐享成果，現代生活還有什麼事比這更令人滿足？

誰說燉牛肉非得用紅酒？我用喝剩的白酒入菜，加點檸檬皮和橄欖更提味。

煎黃的羊膝平鋪烤盤，加入蔬菜香料酒水高湯，鋁箔紙包住就可以送入烤箱。

Braising 的基本步驟

❶ 肉切大塊，表面水分擦乾，拍上薄薄一層麵粉，撒鹽與胡椒。

❷ 選一個面積較大，略有深度且有蓋的平底鍋子，以中火預熱，加奶油或植物油。

❸ 肉下鍋煎至每面金黃，如果鍋子不夠大最好分批煎，才不會因為水氣過盛表面煎不金黃。

❹ 肉先起鍋，鍋裡的油倒掉只保留一匙，繼續煎炒預用的蔬菜，如洋蔥大蒜紅蘿蔔等等，直到表面微黃釋出香氣，這時可繼續加入辛香料，如肉桂，八角，紅椒，咖哩，百里香，月桂葉等等。

❺ 注入汁水：可以用純水，高湯，水加酒，湯加酒，番茄罐頭，果汁，椰漿，鮮奶油，啤酒等等（選擇性真的無窮無盡，比如這幾年美國很流行用咖啡燉整塊帶骨的厚切牛小排，加一點有煙熏味的墨西哥式乾辣椒，非常香濃夠味）。汁水一次不要下太多，先倒個半杯，滾了以後用鏟子把鍋底焦黃的部分刮起融入湯料中，這叫作 deglazing。肉放回鍋內，最好平鋪一層，繼續倒入汁水直至肉側邊一半到三分之二的高度，不要掩蓋過肉！在此也不要加太多鹽，因為汁水會揮發，越煮越鹹，所以最好留到最後再調整鹽分。

❻ 鍋蓋扣上，以最小火燉煮。其實爐台上的火不管多小都太熱，最好是整鍋放進烤箱，以120~135℃/250~275℉的超小火微微的燉煮，讓湯汁表面懶懶的起泡，要滾又不滾的狀態最為理想。燉煮當中每小時可以翻攪一下以確保受熱均勻，肉一煮爛即關火，撇浮油浮沫，斟酌調味，撒上新鮮香草，起鍋。

03.
醬料見真章

西廚裡醬料的烹調是一大學問，老牌烹飪名師瑪德蓮‧卡曼（Madeleine Kamman）就曾很果斷的說過：「The sauce makes the cook.」（廚子的好壞取決於醬料。）在高級西餐廚房的編制裡，負責醬料的廚師通常是大廚與二廚之下地位最高的。就拿 Amber 為例吧，Saucier 一人掌管近二十種的醬料湯汁，其中最麻煩的製作程序從烤骨頭，熬高湯，撇油，收汁到調味可花上數日的時間，整個過程中味道的濃淡平衡與其色澤質地不斷的產生微妙變化，什麼時候到達理想狀態，都得靠 Saucier 精準的鼻目口舌來決定，怪不得廚房裡有什麼小問題都第一個找他裁決。

由於醬料如此重要，它的烹調方式也成了餐飲趨勢的一大指標，以1970年代法國的「新派料理」（Nouvelle Cuisine）風潮為分水嶺。新派料理的代表性人物如 Fernand Point、Paul Bocuse、Michel Guerard 等人一致認為，濃濁厚重的醬料唯一的用處就是遮掩次等食材的酸腐或乏味，這在窮困的舊社會與大戰期間或許難免，但如今物產豐饒又有良好的冷凍設備，沒有理由把菜肉煮得稀爛然後泡在一堆

出菜前大廚與副大廚淋醬撒鹽，為整體調味把關。

黏糊糊的醬裡。他們受到日式與中菜的影響，主張輕煎快炒，保持蔬菜的鮮脆與肉類海鮮的彈性，盛盤時再以晶瑩剔透的濃縮醬汁裝點邊緣以求畫龍點睛，增鮮提味。

　　所有老式醬料裡被攻擊得最慘的就是所謂的「白醬」（Bechamel）與「棕醬」（Espagnole），兩者都是以麵糊（roux）為基礎，先用奶油炒香麵粉，然後加牛奶或高湯煮濃調勻，在台灣一般西餐廳裡的濃湯和醬料大都是這個做法。反之新一代歐美的菁英大廚們認為，麵糊醬的味道不清不楚而且濃濁欠缺美感，又或許為了與大眾化的餐廳保持區隔，幾乎一律禁用麵粉調醬，三十多年來影響甚巨且堅決依然。我烹飪學校的同學馬蓮娜剛到波士頓一家知名餐廳實習時，曾不小心脫口問大廚：「調醬的時候不需要炒點麵糊嗎？」引起軒然大波，全廚房啞然側目，好像她穿了前兩季的孔雀藍走進時裝編輯室一樣，太不識時務！

但醬料畢竟不是湯水，如果沒有一定的濃度，不可能以點、線、彎勾或小池的形式裝點盤面（漂亮是很重要的啊！），可是沒有麵糊要怎樣增加濃度呢？在此我整理出三種在高級餐廳裡最常見的濃度來源。

1. 膠質

動物的骨頭與關節處充滿了膠原蛋白，遇熱久煮會溶解於湯水中，冷卻撇油後成果凍狀，就是所謂的高湯。如果繼續燉煮高湯直到水分大量蒸發，湯裡的膠質濃度相對的也會提升。當高湯收汁至黏稠時就叫作 demi-glace，是肉汁與湯料的滋味精華，可直接作為醬料，也可進一步與酒水香料調味。

2. 糖分

砂糖溶於清水後越煮會越濃，是為糖漿（煮到水分完全揮發進而顏色轉黃就變成焦糖了）。同樣的道理，任何有糖分的食物加入高湯裡一起收汁都能加速濃度的提升。在調味上，西廚們喜歡用新鮮水果（如覆盆子、西洋梨），果汁（如柳丁汁、番石榴汁），或蜜餞（如杏桃乾、無花果乾）代替純糖，差不多一比一的高湯配水果或果汁，再加點香草（如百里香、迷迭香），香辛料（如胡荽、肉桂、蔥、蒜），鹽與胡椒調味收汁至濃稠，過濾或打碎即可。有些人甚至完全不用高湯，直接把果汁加入香料煮濃，或是把紅酒醋加糖收汁，最後再用鹽，胡椒，甚至醬油調味就成了口味多層次的醬料。這樣做出來的醬料甜酸中帶點鹹與辛辣，搭配口味濃郁的肉

類如鵝肝，鴨肉，野雉等可去腥化膩，配干貝或豬排則輔佐食材本身的甘甜，用法不勝枚舉。

3. 乳化

就是製造水包油，油包水的微妙平衡啊！蛋黃和檸檬汁與植物油打至乳化就是美乃滋，蛋黃和檸檬汁隔水加熱與奶油打至乳化，就是常用來搭配水煮蛋和蘆筍的荷蘭醬。另外一種非常簡單常用的乳化技術叫作Monter au beurre，做法是把小塊小塊冷卻的奶油丟進燉煮收汁的酒水高湯裡，用打蛋器攪勻。已離火的汁水雖熱又不會太熱，剛好足夠轉化固狀奶油裡的奶蛋白，讓它們懸掛在汁水裡，又不至於融化而油水分離。建議煎牛排時，牛排起鍋後倒碗紅酒或白蘭地進熱鍋中，把鍋底焦香的部分刮起來融入汁水中，再加點高湯，蔥蒜，香料，鹽，胡椒，甚至芥末調味收汁至半，離火起鍋再加兩三塊奶油Monter au beurre，就是很有法式小酒館風格的牛排醬，全程不消五分鐘。

其他一些常見的調醬技術包括加鮮奶油，乳酪，蔬菜泥等等，投機取巧的時候也可以用勾芡方式。更有一些離經叛道的新派西廚完全捨棄傳統式的醬汁，改選油醋，莎莎醬，泡沫，或是椰汁咖哩，柚子醬油等五湖四海的調味技術應用於西廚。所以卡曼說得沒錯——The sauce makes the cook，是哪個門派的大廚，看他做哪種醬就知道。

04.
Zest

每次看到擠乾的檸檬切片或吃剩的柳丁橘皮被送進垃圾堆我都覺得好可惜，這麼好的調味聖品就這樣當廢物丟棄，真是暴殄天物！

柑橘類水果的果肉汁水固然酸甜爽口，它們佈滿孔隙的鮮豔外皮也是香氛精油的所在。喜歡芳香療法的人買起柑橘精油一瓶動輒數百元，其實一顆幾塊錢的檸檬柳橙就是最好的芳香採集地。我喜歡用刨絲刀輕輕的刮下柑橘表層，以免碰到底下色白味苦的厚皮——當細軟如鴻毛的鮮黃翠綠豔橘紛紛墜落砧板時，清新的果香撲鼻，頓時讓人耳聰目明心神愉悅。英文裡統稱這辛香的柑橘類表皮為 zest，延伸為抽象含義則代表令人興致高昂，刺激有趣的事物；一個對生活充滿熱情的人常被形容為具有 a zest for life，因為他比別人多了那麼一點新鮮明亮的特質。做人尚且如此，做菜怎麼能捨棄 zest 呢？！

zest 的有趣之處在於它入口既不酸也不甜，只有一點微微的苦澀，但它對嗅覺的刺激卻很明顯，同時色彩賞心悅目，特別有助增鮮提味。比如說義大利人在吃燉

刨絲刀（Microplane®）刨出來的 zest 特別細緻，但也可以用專門刮絲的 zester，或是用削皮刀（peeler）削下一整片，然後再切成細絲。

在烤箱裡小火烘乾的橘皮，乾硬捲曲但顏色仍鮮豔。

小牛膝（osso buco）時，總習慣在軟爛的燉肉上加一大匙gremolata，也就是碎檸檬皮拌蒜末與荷蘭芹，為深沉濃郁的肉香增添一抹明朗的味道，去油解膩，畫龍點睛。另外炒蔬菜的時候，我常喜歡隨蔥蒜爆香一點zest，這樣炒出來的蔬菜帶著一股若有似無的柑橘香，非常爽口開胃。

由於果皮遇熱後會釋放精油，它的香味很容易轉嫁到溫熱的液體中。把檸檬或萊姆皮加砂糖與清水（一顆檸檬皮＋半杯糖＋半杯水）一起煮開放涼，過濾後就成了帶著淡淡果香的糖水，還有點淺黃或淡綠的色澤，加上新鮮擠出的檸檬汁再適量兌水稀釋，就是消暑的Lemonade飲料。同樣的，把果皮和橄欖油與其他辛香料（如香草和大蒜）一起用小火煮到香，再關火放涼、過濾，就成了辛香的調味用油，可以用來醃肉、蘸麵包、拌生菜，或是滴在燒烤食物上增添香氣，用不完的油放在冰箱裡可以保存一星期。還有，把果皮與鮮奶油（heavy cream）一起煮開，加鹽與胡椒甚至蔥、蒜、乳酪調味，是很好的奶油醬基底，如果嫌味道太濃，還可以擠幾滴檸檬汁或是加幾匙白酒一起煮，目的不在於讓奶油醬變酸，只是去膩提味，多了柑橘香吃起來更鮮美。

在此也跟大家分享一個我從Beo的大廚邁克那裡學來的獨門調味料——橙皮辣椒粉。它色澤豔麗，口味鮮明，用來蘸裹在鮮蝦，干貝或魚排上生煎燒烤是天作之合。

橙皮辣椒粉作法

Ⓐ **材料**

香吉士柳橙四個（當然也可以換成檸檬，橘子，柚子或葡萄柚，用量依大小
自行斟酌）

辣椒粉一大匙

匈牙利紅椒粉（paprika）兩大匙

鹽一大匙（也可以不加，烹飪時再調味）

Ⓑ **作法**

❶ 烤箱以最小的火力預熱（70℃~100℃）。

❷ 用削果皮的刀（peeler）刮下長條片狀的橙皮，把橙皮平貼於砧板，內面向
上，用水果刀橫向切除白色的果皮部分。

❸ 將準備好的橙皮平鋪於烤盤上，入烤箱烘乾，約40分鐘至一小時，直到脆
硬扭曲，但顏色仍鮮豔不焦黃。

❹ 烘乾的橙皮和其餘材料一起放入磨豆機或果汁機／食物處理機打至粉碎，
盛裝於密封容器，在乾燥室溫下可長期保存。

05.
Confit

confit [konfi] 一字來自法文原形動詞「confire」，意思是「保存」，它和煙熏與風乾技術一樣，是舊時人們在缺乏冷藏設備的狀況下用來保存食物的技術。法國南部的家常菜 Confit de Canard 是最有名的例子，這道菜在台灣曾見人翻譯為「油浸鴨腿」或是「功封鴨腿」，前者點出了烹調的關鍵，後者不只與法文發音類似，也同時表達這道菜的費工費時，以及完工後鴨腿猶如被油「封住」的道理，非常傳神！

做這道菜需要耐心。首先把鴨腿均勻的抹上大量的鹽，加點胡椒，大蒜，百里香與月桂葉調味，放進冰箱裡鹽漬風乾個兩天（以前的人就把它掛在陰涼的地方），取出後沖淨擦乾，放進鍋子裡，倒入鴨油或鵝油直到蓋過鴨腿，然後小火加熱到80至90℃（也可以擺在最低溫的烤箱裡），直到油面看到一顆顆的小泡泡，但仍處於沸點之下。保持這個溫度煮兩個小時，這時鴨肉應已酥爛近骨肉分離的狀態。取出鴨腿，放入熱水消毒過的玻璃罐，鴨油過濾殘渣後倒入罐中，直到掩蓋過鴨腿。封蓋後鴨腿已絕緣無菌，可以在室溫下保存一年，而且據說越擺越香。

油浸烹調後的鴨腿非常實用，隨意煎至酥脆，配上庫斯庫斯與清炒蘆筍，就是很簡單美味的一餐。

其實這道菜在家裡做真的很麻煩，首先在一般市場裡要買到鴨腿就已經夠難了，多半必須買一整隻冷凍鴨進行支解，況且誰這麼常吃鴨，能在家裡炸出一鍋鴨油呢？念廚藝學校的時候，我們幾個同學去肉販那兒合買了一小桶鴨油（一公升差不多要50美金！），大家輪流回家做confit，第二天再提著一桶油來上學，換下一個人用。如此大費周章不是因為我們的冰箱壞了必須靠古法儲糧，實在是因為「功封」過後的鴨腿油滑香濃，隨便煎兩下外皮比炸的還要酥，鴨肉比燉的還要嫩。熱食配梅子、桑葚或石榴等甜酸醬料特別可口，冷食就撕開拌麵配沙拉，若與香腸白豆和麵包粉一起燉煮再烘烤，就成了法國南部土魯司的名菜cassoulet。總之一次做一大罐，用途繁多。

近年來confit這種古老的技術忽然又流行了起來，而且發展出許多創意的應用方式。在美國，新一代的大廚們喜歡利用一般美國人不懂得吃的便宜肉，如豬膀子和豬耳朵，透過豬油功封的技巧把它們先燉得酥爛再燒烤至香脆，切片後擺得漂漂亮亮的，菜單上取個法文名字，頓時身價大增。

搗碎的confit金橘配上黑橄欖與荷蘭芹，鹹酸辛香與煎干貝很相稱。

　　也有越來越多人利用同樣的技巧處理蔬菜水果——番茄，馬鈴薯，橘子，檸檬，朝鮮薊等等，忽然一下都可以用confit手法炮製，油浸功封後質地變軟，味道變濃，很適合拿來做配菜調味。

　　眼看我家裡種的一盆金橘枝繁葉茂，沉甸甸的果實再不摘就要爛掉，正不知如何是好，想起了confit的妙用。我把摘下的金橘對半切，籽挖掉，加上半顆沒用完的檸檬連皮切成小塊，三四顆剝皮大蒜，一株百里香，一片月桂葉，一匙鹽，幾粒胡椒，一碗橄欖油蓋過，文火煮一個小時，辛香撲鼻，在我看來比芳香療法還有益身心！我把油瀝開裝瓶，這時的橄欖油已吸盡了柑橘香草與大蒜胡椒的香氣，而且微帶鹹味，用來涼拌或蘸麵包都好吃。油浸功封後的金橘檸檬和大蒜形狀仍完整，我把它們稍微壓爛，和入一點切碎的黑橄欖與羅勒，煎干貝配著吃，挺好。

金橘與香草大蒜浸在橄欖油裡小火燉煮，香氣四溢。

06.
川味

最近看了四川地震的報導，心裡非常難過。四川對我而言一直是個遙遠的家鄉，因為我從小受外公外婆的耳濡目染，聽到成都的口音別有一股親切感，多吃幾口辣椒時被家人暱稱「川娃兒」也總覺得是受了稱讚。

四年前我去川滇邊境的彝族自治區跟著教授做研究，下山後特地一個人到成都晃了幾天。雖然老城的市容早已翻新，看不見想像中滿街吆喝著磨刀子剪刀，挑著擔子賣麵的市井風情，街頭巷尾卻仍能感受到一股天高皇帝遠的悠閒。府南河岸與公園裡坐滿了喝茶下棋的老人，不時還有傳統藝匠拎著一把竹籤鐵鉤替人沿街掏耳朵。走累了隨處可以找個麵鋪坐下，點一小碗僅二兩的擔擔麵，吃幾口剛好解饞。有一回我肚子餓了，索性叫個15塊錢的點心拼盤：紅油抄手，酸辣涼粉，鐘水餃，賴湯圓……一次吃個夠；兩個長得有點像我外婆的老太太走過來盯著我說：「小姑娘好大的胃口喔！」

不善吃川菜的人總說川菜僅只一個辣，掩蓋過所有食物的原味，我說這些人是

land of plenty
authentic sichuan recipes
personally gathered
in the chinese province of sichuan

SHARK'S
FIN &
SICHUAN
PEPPER

A sweet-sour memoir of eating in China

FUCHSIA DUNLOP

'The best writer in the
West ... on Chinese food'
Sunday Telegraph

扶霞‧鄧洛普的自傳性文集《魚翅與花椒》談她在成都學廚藝的經歷。她的食譜《天府之國 》（Land of Plenty）集所學
大成，有系統的把川菜介紹給西方讀者。

不懂得欣賞辣椒本身層次多元的辛香以及川味譜系裡千變萬化的調味手法。其實川菜比起雲貴泰緬一帶的菜並沒有這麼辣，它很少用勁辣的新鮮辣椒，而是偏好醃製發酵或曬乾的辣椒。醃過的辣椒鹹酸小辣，入了菜是所謂的「泡椒味」，泡椒配上蔥薑蒜翻炒就是「魚香味」，辣椒和蠶豆一起發酵成了豆瓣醬是暗紅香沉的「家常味」，乾辣椒炒花椒是「麻辣味」，把乾辣椒和花椒爆炒到焦黑嗆煙是「糊辣味」，此外還有「紅油味」，「酸辣味」，「怪味」…… 變化不可勝數。

最近剛看完英國作家扶霞・鄧洛普（Fuchsia Dunlop）談中國飲食的回憶雜記──《魚翅與花椒》（*Shark's Fin & Sichuan Pepper*），其中她花了三分之二的篇幅描述她九〇年代中期在成都的四川烹飪高等專科學校學做菜的經歷。扶霞很精闢的點出了川菜在中國四大菜系中的獨特之處：它不像北方的京魯菜，東南的江浙菜，與南方的廣東菜講究名貴或僅只當地才有的食材。不管是什麼蔬果魚肉，只要調味得當，都可以是道地的「魚香」，「家常」，「麻辣」川菜，包容性與靈活度特強。

這或許也就是為什麼我家裡沒什麼菜或是特別窮的時候總喜歡做川菜。一塊豆腐炒點肉末和豆瓣醬就是麻婆豆腐，一把麵條拌麻醬與紅油就是擔擔麵，簡單便宜卻百吃不厭。這幾天看新聞，心情沉重，沒胃口吃肉，也不想大動爐火，所以我醃了一瓶泡菜和一小罐辣椒，還炸了一碗紅油，另外又到菜場裡買了一些涼粉和醬菜，配青菜豆腐，夠我們小倆口吃幾天，省下來的錢可以捐給四川災民，希望他們能早日重建家園。

自製泡菜、紅油、
醃辣椒，再加上蔥
薑蒜和花椒，沒魚
沒肉也開胃。

獨門紅油

A 材料

辣椒粉三大匙

匈牙利紅椒粉（paprika）一大匙

鹽一小匙

大蒜兩顆拍碎

植物油一碗

B 作法

❶ 把辣椒粉，紅椒粉，鹽拌勻置於碗中（紅椒粉微帶煙熏味，不辣，
調入油中可提升色澤的紅豔度）。

❷ 中火熱油，大蒜倒入炸到香即關火，靜置降溫五分鐘。

❸ 撿出大蒜，溫油倒入辣椒粉碗中稍稍攪拌，靜置數小時可入味。

我家的擔擔麵

Ⓐ 材料

細麵二兩／75克

麻醬兩茶匙

雞湯三大匙（或三大匙熱水加1/4茶匙高湯粉）

醬油一大匙

黑醋一茶匙

紅油＋辣椒渣一大匙（中辣）

花椒粉少許

蔥花少許

Ⓑ 作法

❶ 開水煮麵（水裡加一點鹽）。

❷ 麻醬用雞湯稀釋調勻，加入醬油，黑醋，紅油。

❸ 麵煮好倒入調醬的碗中，撒上花椒粉與蔥花，拌勻即可食。

★ 可另加蒜泥，花生粉，榨菜，或炒肉末，但有基本的調料就很好吃了。

★ 捨麻醬多加一匙醋是酸辣麵，捨麻醬加一小匙蒜泥與砂糖是紅油燃麵。

肚子餓又缺菜的時候，隨時可以調一點香辣麻醬，下一碗擔擔麵。

07.
Chili 烹飪大賽

　　上週末美國領事館舉辦一年一度的 Chili 烹飪大賽，由海軍陸戰隊的軍官們主辦，邀請所有外交人員與眷屬參加。這比賽去年我和 Jim 得了第一名，刻了我們名字的金湯匙獎杯有好幾個月懸掛在駐港領事館的正門大廳，就在布希總統的玉照旁邊，提醒進進出出的政府官員們除了國家安全以外，民生問題也很重要。

　　說起 Chili，在台灣常被譯為「墨西哥辣豆醬」，其實這道菜是否真的是墨西哥來的沒有人知道，而且它不一定含豆子，甚至不一定辣。我稍微研究了一下，多數人認為 Chili 是墨西哥人發明給美國白人吃的便宜雜碎燉肉，聽起來跟十九世紀起紅遍美國的「中國名菜」——Chop Suey（炒雜碎），有異曲同工之妙。Chili 的西班牙文全名是 Chili con carne，也就是辣椒牛肉，牛肉可以是絞肉或肉丁，辣椒用乾的，可以是不辣的 Ancho 椒或甜紅椒，煙熏微辣的 Chipotle 椒，或是傳統常見的 Cayenne 紅辣椒。市面販賣的 Chili 調味粉涵蓋了一般人印象中的標準味道，包括洋蔥，大蒜，綜合辣椒粉，孜然與奧瑞崗葉（oregano）。一般在餐廳裡吃到的 Chili 比較大眾化，選用平價的絞肉，而且一定會加番茄和豆子，如大紅豆

負責評分的美國外交官員們很認真的品嘗各家Chili。

或是白底紅斑的花豆（pinto beans）。自許正宗的德州人走的則是純粹路線，睥睨豆子與番茄，而且堅持用塊狀的牛肉。另外紐約人喜歡用Chili配熱狗麵包，辛辛那堤人習慣加點肉桂和糖煮得稀稀的，像半甜不鹹的絞肉豆子湯。總之每個人講到Chili都很有地域性的愛鄉情操，吵來吵去搞得很熱鬧。

去年我和Jim追隨的是他最喜歡的大眾化路線，使用現成的Chili粉和大紅豆。至於肉的部分，我在傳統市場買了一塊三斤重，油花均勻的牛肩胛肉（找回來的零錢還滴著血！），自己用菜刀剁成小塊，為了口感付出血淋淋的真工夫。盛盤

的時候,我還在肉醬上加了一匙自製酪梨醬,刨一疊巧達乳酪,幾片香菜,配上一個小馬芬(muffin)形狀的自製青辣椒玉米糕,每碗義賣30元港幣,物超所值,獲得評審一致的讚賞!只不過事後那些沒得獎的酸葡萄公務員哇哇叫說我們家的Chili包裝過度,有欠公平(雖然我看他們吃了好幾碗)。有鑑於此,今年大會一律禁止配菜而且統一盛盤,嚴格的不得了。

既然已經得過金牌了,我這次不求名利,打算來點特別的。我炒香一大把四川來的指天椒與燈籠椒,配上墨西哥的Chipotle辣椒粉,外加蔥薑蒜與陽江豆豉,一根肉桂一把孜然。肉的部分我用一斤半的絞肉配一斤半的牛小排,牛小排先煎金黃切小塊,骨頭剔下來和洋蔥一起熬高湯。最後把香料同絞肉和塊肉炒勻,加入紹興酒,牛骨湯,番茄和大紅豆小火燉至收汁。煮的過程中辛香撲鼻,味道有點像牛肉麵,但又多了股孜然和煙燻辣椒的胡味,是川墨fusion版,只此一家別無分號。

當晚我的「成都Chili」得了第二名,輸給味道果真也不錯的「Weapon of Mass Deliciousness」(有強大美味能量的武器)。根據匿名的幕後消息透露,有三位評審奮力為我的Chili爭取冠軍,聲稱它肉質好口感佳,只可惜另外三位評審認為實在太辣了,有點吃不消。雖然無幸蟬聯冠軍,不少人注意到比賽結束後整桌的Chili,只有我這鍋被吃得精光,可見票房第一。此時適逢美國總統選舉季節,Jim很精闢的點出我這鍋菜贏了總票數卻輸了代表票,可謂是the Al Gore of Chili——Chili中的高爾啊!現在我跟布希與高爾都沾上了邊,可得想想明年要怎樣燉一鍋有歐巴馬精神的Chili呢?

充滿孜然與肉桂香，入口麻辣的川墨版Chili。

08.
鑄鐵鍋

　　著名小說家珍・斯邁利（Jane Smiley）曾在《Gourmet》雜誌上發表了一篇非常有意思的短文〈Pot of Gold〉（一鍋金黃），文中談她對新買的一支Le Creuset燉鍋的迷戀。豔黃色的鍋子不管擺在爐台上、飯桌前或冰箱裡都好看，像「一束鮮花」般啟動了作者一連串的烹飪狂熱與飲食大改造。一星期內從洋蔥湯，馬鈴薯燉青豆，到番紅花燉飯，椰汁杏仁燴雞，她做菜的靈感不絕而且忍不住沾沾自喜，總覺得有了這把鍋子就像讀過普魯斯特的《追憶似水年華》一樣，忽然變得很「法國」，而且有那麼一點小小的優越感。

　　這種迷戀我很能體會。自從八年前買了第一支小巧僅兩夸特（2Qt.）的寶藍色Le Creuset燉鍋之後，我混在廚房裡的時間與日俱增，此後多年下來，不可抑制的從百貨公司週年慶、車庫拍賣與eBay上拼購了一廚櫃的鑄鐵鍋具，沒事就把玩，擺著也好看。只不過每到搬家的時候就頭痛不已，悔恨自己收攬了一堆這麼重的東西，但搬進新家後只要漆亮的鐵鍋一上了櫃，就有一種終於安頓好了，回家的感覺。

臂力不夠的人還提
不起這些鍋子呢！

　　鑄鐵鍋的優點在於它導熱性穩、儲熱性佳，雖然需要花多一點時間預熱，一旦
到達理想溫度卻可以保持恆定，不會因為加入生鮮食物就溫度驟降，所以特別適合
用來做極高溫的燒烤或極小火的燉煮。

　　鑄鐵鍋基本上分為兩種：有上搪瓷釉的和沒上搪瓷釉的。搪瓷釉的功能在於防
止鑄鐵氧化生鏽，比較容易保養，色澤鮮豔、選擇多元也是它吸引人之處，只不過
搪瓷遇高溫容易受損剝落，而且價格驚人，所以在選擇上有諸多考量。在我看來，
最好是把錢花在體深面廣的燉鍋上，這類鍋子法文稱作Cocotte，英文叫Dutch
Oven。一般最受歡迎的大小是五至六夸特，底面大約25公分，重約五公斤，可
以輕易放進一整隻雞，也很容易不小心打斷腳趾。這個大小對小家庭來說恰恰好，
煮湯燉菜或烤歐式麵包（見〈麵包瘋子〉，P68）都很合適，而且因為面積夠大，做
braising的時候不需要分太多批煎肉，而且煎好的肉可以平鋪一層，酒水湯汁不
蓋過（你可能覺得這麼深的鍋子只用底層很浪費空間，但braising就是這樣，如
果酒水蓋得滿滿一鍋就變成stewing了）。（見〈細火慢燉〉，P198）

鑄鐵鍋可以整支放入烤箱，適合做一鍋搞定的料理。

這樣大小的鍋子由老牌Le Creuset或Staub出廠的動輒要價上萬，保固99年，說是拿來當傳家寶的。既然沒有祖上留傳這樣的鍋子給我，又捨不得花錢，我到處尋找省錢的途徑，好在這幾年許多品牌紛紛發展類似產品，到中國設廠製造品質也不壞。現在美國的老牌Lodge和電視名廚Mario Batali，Martha Stewart，Rachel Ray等人都掛名出了這類的鍋子，價格是Le Creuset的一半到六分之一。兩年前我在公信度特高的《Cook's Illustrated》雜誌上看到一篇對市面上各類Dutch Oven做的評鑑，他們認為Le Creuset 5.5Qt.的鍋子，無論在大小、重量與導熱性能上都完美無缺，但無名廠牌Chefmate所出的5Qt.燉鍋在各方面也都不遜色，而且要價不到40美金。我好不容易在波士頓附近的大賣場找到了這樣一支鍋子，僅只一個消防栓的鮮紅色，倒也落落大方。回家試用果真也不輸我那幾支小巧的Le Creuset，只可惜目前已經絕版了。

如果純粹是為了braising而不煮湯，寬底略淺身的braiser或buffet casserole也非常好用；獨居或小倆口的家庭可以選擇3.5Qt.的小鍋。再小就不合適了，我那支2Qt.的藍鍋都只拿來熱剩菜，有點可惜。

搪瓷釉使用起來難免會沾鍋，所以煎肉的時候不要急著翻面，等表面徹底煎黃以後翻面就很容易了。鍋底沾黏的少許焦香殘餘物是寶貝，加酒水煮開後可以用木鏟輕輕刮起，一方面清理鍋底一方面為醬汁提味上色，一舉兩得。

至於沒上搪瓷釉的鑄鐵鍋，我一直到近一、兩年才體會到它的好處，一用上手，成了我廚房裡最常用的鍋子。純鑄鐵需要耐心調養，這過程叫作seasoning，第一

調養過的生鑄鐵漆黑
中帶光澤，食物幾乎
不沾鍋。

次使用前必須在鍋身裡裡外外抹油（大家都說豬油最好，但我是用花生油），鍋面朝下放進烤箱用中火（175℃/350℉）烤個一小時，然後關火放涼（如果沒有烤箱，在爐台上以小火加熱也可以）。如此一來油脂與鑄鐵受熱結合，形成一層防鏽的保護膜，此後每次燒菜時，菜肉中的油脂會不斷的鞏固這層保護膜，日久下來表面平滑略帶光澤，而且幾乎不沾鍋，比上了搪瓷的鐵鍋還好。清洗的時候不要用強烈的洗潔劑，可以用熱水加點鹽刮刷底部，洗好後徹底擦乾或是放爐台上加熱烘乾，最後再抹一層油，日復一日，越來越好用。我家裡這把純鑄鐵平底鍋當初在eBay用八塊美金標到，用了兩年下來給我三百塊都不賣！

純鑄鐵最大的好處就是它耐高熱。九〇年代由紐奧爾良興起，紅遍美國的那道名菜「焦黑鯰魚」（blackened catfish）就非得用純鑄鐵鍋做。我在學校裡試過，首先要把鍋子放在爐台上用大火預熱十分鐘，直到黑色的鍋子轉為灰白，約華氏五百度，這時再把沾滿了香料的鯰魚排丟進鍋中，霎時煙霧瀰漫，伸手不見五指，咳嗽聲四起。魚排兩面各煎十幾秒即可起鍋，表層焦黑如炭，入口香辣，皮脆肉嫩，全靠一支近白熱化的鑄鐵鍋。

紐奧爾良式的焦黑鯰魚配小龍蝦醬,這是名廚 Paul Prudhomme 發明的做法,非得用加溫至白熱化的生鑄鐵鍋來做。

　　當然在家裡若沒有專業的抽油煙機,不建議做「焦黑」料理。但一把純鑄鐵平底鍋不管拿來煎什麼都能製造出特別出類拔萃的表皮(crust),所以很多人都專門用它煎牛排。美國南方人喜歡用鑄鐵平底鍋來烤蘋果派和玉米餅(cornbread),這樣子烤出來的餅皮特別香脆,上桌時放在黑黑的鐵鍋裡也很有樸趣。我自己甚至常用這樣的鐵鍋來炒菜;大火預熱過的鑄鐵媲美餐廳裡旺盛的專業爐火,炒菜快速起鍋特別噴香。

　　純鑄鐵另外一大好處在於它會釋放微量的鐵質於食物裡,所以貧血的人用鐵鍋做菜有益健康。不過由於它表層沒有搪瓷,遇上酸性的食物,如番茄、紅酒,會起化學反應,使食物沾染上金屬味甚至變色。調養得好的鍋子經得起酒水快速調醬汁,但拿來慢燉酸性的食物就不適合了。所以做 braising 還是用有搪瓷的鍋子比較好。

　　為了幾個鑄鐵鍋,我破財又做牛做馬的調養,但心甘情願。這幾個鍋子我會好好珍惜愛護,將來留傳給子孫!

09.
層次鮮明的越南小吃

    五月初忙裡偷閒去越南首都河內跑了一趟，三天兩夜看不了太多名勝古蹟，大街小巷倒是走了不少。越南交通之混亂我早有所聞，但親眼目睹還是嘆為觀止——馬路上四面八方都是車流，紅綠燈沒人管，喇叭聲不絕於耳。我遵循旅遊手冊上的指示，假想自己是摩西，一腳踏出去「洶湧的摩托車潮自然會開出一條通道」，果真屢試不爽！路兩旁是一幢接一幢緊密排開的法式洋樓，三、四層樓高，斑駁灰漬下可見鵝黃嫩綠的粉牆，每層樓都有可以敞開的橫格木窗，陽台上種滿了花花草草。大街上隨處可見老舊漆黑的咖啡廳，小巷口總有一群人坐在板凳上喝啤酒。市中心的歌劇院與博物館依舊富麗堂皇，讓人恍若置身巴黎，按圖索驥也不難找到好幾棟由老花園洋房整修而成的高級餐廳酒吧，裡頭燭光搖曳，歐美商人使節與越南官賈新貴飲酒談笑，有如殖民全盛時期。

    正如它歐亞並蓄的建築街景，越南的飲食也特別有混血風格。市井小民最常見的早餐是叫作banh mi的三明治——鬆脆的法國麵包夾醃蘿蔔、小黃瓜、香菜，辣椒和雞肉，配上小小一杯越式咖啡，豆子烘得又黑又苦，調一點煉乳濃滑順口，

精神一振！除了咖啡，麵包，焦糖布丁這類明顯的法國遺產以外，傳統的越南菜式也給我一種非常新穎現代，符合潮流的感覺。當今引領風騷的新派大廚在設計新菜或詮釋經典菜的時候，喜歡在口感上製造對比：生／熟，冷／熱，脆／軟，乾／濕……交互相襯，調味上往往鹹中帶甜，甜中帶酸，酸中帶辛，絞盡腦汁創造層次感。越南的主婦與小吃攤販不需要接受這些高級的廚藝訓練，他們只要跟著傳統，隨手做出來的家常菜好像都離不開以上這些原則。

以河內最有名的牛肉湯河粉（Pho Bo）為例吧，熱騰騰的牛肉清湯倒入盛了河粉和薄片生牛肉的碗中，上桌時牛肉剛好燙得半生半熟（另外還可以搭配熟牛腱、牛筋、牛肚）。隨湯附上一盤生鮮配料——豆芽、九層塔、香菜、洋蔥、辣椒、青檸，由用餐者自行加入熱湯裡；一口咬下去有河粉與牛肉的軟韌配豆芽與洋蔥的清脆，鮮湯裡有檸檬的酸甜，辣椒的辛香，與香草的清新氣息，簡直是一網打盡！在亞洲菜系裡，越南人用的香草種類應該是最多的，我看路邊的婦女拿著竹簍摘嫩葉，除了東南亞常見的細蔥、香菜、九層塔，光是薄荷就有好幾種，此外還有蒔蘿、紫蘇、荷蘭芹，甚至我之前只有在法國餐廳裡見過的山蘿蔔葉（chervil）。我在Amber和Beo的廚房裡都要準備這樣細巧的香草沙拉（herb salad）來裝點菜式，沒想到這裡路邊就有！一片生菜一把香草包起香茅烤肉或是炸得酥脆的米紙春卷，蘸魚露辣椒或是花生甜醬吃，感覺非常cosmopolitan，不管搭配機車的引擎喇叭噪音還是慵懶的沙發音樂都很合適。

回家後想念越南的清爽口味，我給自己做了一碗涼拌牛肉河粉，不敢說道地，但我覺得味道還不錯。

涼拌牛肉河粉（兩人份）

Ⓐ **醬料**

　　細砂糖一大匙

　　辣椒一根

　　大蒜一顆

　　白醋兩大匙

　　魚露兩大匙

　　青檸汁一大匙

Ⓑ **主料**

　　牛排（腰肉或沙朗）一塊約 8 oz

　　醬油一大匙

　　魚露一大匙

　　砂糖一小匙

　　大蒜一顆

　　粗河粉（越南米粉 bun 或江西河粉）兩把

　　生菜葉兩、三片

　　綠豆芽一大把

　　小黃瓜一根

　　脆花生少許

　　九層塔少許

　　香菜少許

　　薄荷少許

Ⓒ **作法**

❶ 砂糖以兩大匙溫水調開，辣椒去籽切小丁，大蒜切碎，加入醬料餘料調勻。

❷ 牛排以醬油、魚露、砂糖和切碎的大蒜醃 20 分鐘。

❸ 河粉煮熟沖涼，分置碗中。

❹ 生菜切條，豆芽汆燙沖涼，小黃瓜切絲，依序鋪在河粉上。

❺ 牛排以中大火煎至七、八分熟，靜置五分鐘（汁水才不會流散），逆紋斜刀切薄片，移至碗內。

❻ 花生碾碎撒上，點綴以九層塔、香菜、薄荷。

❼ 酌量淋上醬料拌勻即可食。

清脆的生菜香草搭配涼河粉與烤牛肉，再加上酸甜微辣的醬汁，炎炎夏日最開胃。

10.
海上廚房遊

　　Beo餐廳歇業後我去阿拉斯加坐了一趟遊輪，沿著峽灣南向行駛七天六夜，四度停港，放眼不是藍天碧海就是雪山冰河。除了飽覽美景，在船上也飽食終日。這艘名為Radiance of the Seas的遊輪上共有五家餐廳（其中兩家需額外付錢，其餘是一票通包），一百五十多個廚師每日為兩千多名乘客提供近一萬三千份餐點。算算不得了，我每天只吃五餐，可見有人把我的分量給吃去了，想起來有點憤慨！

　　以餐飲的品質來說，全天候的自助餐與甲板上的咖啡簡餐算是馬馬虎虎，但它們本以方便為主，沒什麼好批評的。倒是每晚兩梯次入座的正式晚餐水準超出我想像，連續六晚，菜單從來沒有重複過，每餐的開胃菜，主菜，與甜點各有六至八種選擇。喜歡濃重口味的人可以點焗田螺，鹹派，燉羊膝，烤肋排等等；想吃點清爽的可以選擇水梨冷湯配紅椒油，龍蝦麵餃配炒菠菜，火烤鮭魚，清蒸鱈魚……準時入座後，一千多個賓客同時點餐，同時上菜。服務生走過長長的廳堂來到桌前時，端著的盤子還熱熱的，菜色的擺盤也很漂亮，這其中運作的準確度令人咋舌，讓我很好奇廚房裡是如何一番光景。

　　在船上的第三天，我鼓起勇氣走向自助餐台邊一位戴著高帽子的大廚，自我介紹說我也是廚師，很想參觀船上的廚房，不知能否進去見習一番？副大廚艾德瓦度很客氣的說他會把我的要求轉達給行政總廚。隔天我二度求教，他回話說自從911之後，船上有嚴格的規定禁止閒雜人等進廚房（誰知道我會不會在湯鍋裡下毒，或是以屠刀挾持人質，要求改變航道？），況且午晚餐期間廚房繁忙，客人如果被進進出出的服務生撞倒滑跤，或是被鍋爐燙傷，船公司可承擔不起。幾番斡旋之後，他終於說好吧，看在我一番誠意的同業情面（或許也因為我跑去顧客服務部表示對廚房高度的讚賞與興趣），他們願意破例開戒，在行程最後一天的午餐後帶我進去兜一圈。

　　船上的廚房叫作Galley，位於遊輪三至五樓的中心部位（這艘船總共有13層樓）。推開四面是玻璃窗的宴會廳後門，映入眼前的是日光燈下超大型的廚房生產線。 蔬菜台上一位廚師正埋首切割成山的甜椒，巨型烤架上鋪排了據說有50磅的洋蔥絲，牆邊一排湯鍋個個大到可以丟進一個壯漢，攪拌湯的鏟子像船櫓一樣，要

副總廚馬休在巨型湯鍋前留影。

兩手抱著才搖得動。行政副總廚馬休很熱心的為我介紹各種龐大儀器：像洗澡缸一樣大的壓力鍋除了燉肉也用來煮飯，圓筒形的切麵機三兩下就把麵團切成36個工整的小餐包，兩扇鐵門後的急凍室可以瞬間把熱食降到零度以下，所以千萬不要不小心把自己關到裡面去。

我問馬休這麼多的生鮮食材是哪裡來的，又要如何儲藏呢？他的回答讓我一窺餐飲企業化的經營與一般餐廳多麼不同。原來Royal Caribbean公司在邁阿密的企業總部統一設計菜單與訂購食材，分運他們位於全球各港的豪華遊輪。所以不管你坐的是這家公司的哪一艘船，航行於阿拉斯加、加勒比海、大溪地還是挪威丹麥，吃的東西都一模一樣，全都是冷凍貨，每兩年更換一次菜單。這說明了為什麼我們雖身處漁獲品質一流的阿拉斯加海域，菜單上的龍蝦卻來自緬因州，哈里布比目魚也是大西洋的品種，讓我出遊前的生猛海鮮美夢徹底破碎。

冷廚裡，大夥兒忙
著準備當晚的前菜
冷盤。

當晚的洋蔥湯得用
上50磅的烤洋蔥絲。

不過雖說貨源不是生鮮，船上一流的儲藏設備能確保食材的衛生品質，所有的冷凍肉類與海鮮都是在冷藏狀況下經過24至48小時緩慢解凍，廚師們需要精準的拿捏食材應用的數量與時效。那麼蔬菜水果呢？連幼嫩的生菜苗與看來新鮮的羅勒和鼠尾草都是長途冷凍的嗎？沒錯，馬休告訴我，他們上一次進貨是十四天前，但精密的溫控設備卻可以保持蔬果的鮮度，就拿香蕉為例吧，船艙裡有一間專用的Banana Room，裡面儲藏了成千上萬的香蕉，依熟度分類，先熟的先用，保證連下船前的最後一批都不會有太多斑點。這讓我想到幾年前外婆搭乘公主號遊輪，途中據說她一個人吃完了船上所有的木瓜，不知那個Papaya Room有多大？

在冷廚台前我看到一位師傅正在做蔬果雕刻，一顆西瓜轉眼幻化為天鵝與蓮花，手藝驚人。交談之下我得知一個有趣的資訊，原來現今世界上每一家遊輪公司的每一艘船上雇用的蔬果與冰雕師傅都來自菲律賓的拉谷納省。該省本以木雕工藝聞名，無心插柳造就了一批廚房裡的雕刻家，壟斷全球四海蔬果冰雕業！

船上的廚師來世界各國，行政總廚是冰島人，副總廚是印度人，手下上百名語言膚色不一的人馬。我在煎炒台前見到一位圓圓臉，滿頭大汗的中國師傅，今年才剛從四川烹飪高等專校畢業，笑說自己學了一手中菜，上船卻要做西餐講英文，有點不習慣。我問他是否有機會炒一些川菜給員工同仁們試試，他說船上沒豆瓣醬也沒花椒，做不出個名堂。這一上船就是八個月，每天工作至少十個小時，一週七日不休息，他才剛上船一個月，回家不知何年喔。

牙買加來的糕餅師傅比較幸運，他的年資比較高，所以每連續工作六個月可以

休息兩個月，而且他的太太也在船上的房務部工作，兩個人生活上毫無開銷，拿美國標準薪資存錢很快。此外這艘船冬季行駛加勒比海，每兩個星期停靠牙買加的時候，他的兒子還可以上船來玩，實在是很理想。副總廚馬休告訴我，他加入Royal Caribbean公司已八年，從小廚師做起一路升到管理地位，這期間雲遊四海又交了各國的朋友，職業生涯很有收穫。我問他接下來是不是打算繼續待在這家公司，以行政總廚的職位為目標，他說你開什麼玩笑，這工作一直做下去人不瘋了才怪，存夠了錢當然是要回家娶妻生子開餐廳。

當天晚餐我特別點了一碗洋蔥湯，因為那是我親眼看著他們做的，吃起來別有意義。由於那是行程的最後一晚，同桌的旅客相互詢問途中最難忘的經歷，是冰河健行，野外尋熊，海上泛舟，還是坐在自己客房的陽台上欣賞壯麗風景？我說這些都好，但我比你們多了一個VIP廚房之旅，人文自然兼具，值回票價！

11.
婆婆的營養主義

　　阿拉斯加之行結束後，我隨老公南下到波特蘭的郊區探親。到達的第一天，婆婆準備了一桌菜為我們接風，據說都是Jim從小吃到大的菜。其中包括一大塊豬肉放在電子鍋裡用清湯和洋蔥燉煮，只撒了一丁點鹽調味，配上水煮馬鈴薯以及和罐頭濃湯一起微波至軟綿綿的冷凍四季豆，甜點是拌了噴擠式人造鮮奶油的甜飯布丁。我很盡本分的把盤中的分量吃完，飯後大家問我覺得晚餐怎麼樣，我支支吾吾一時辭窮，好不容易擠出一句：「很扎實，吃得很飽。」心裡忍不住為Jim的童年感到小小的悲哀，又有點擔心他是否懷念這樣的菜。

　　要知道婆婆年輕時是明尼蘇達家鄉的選美皇后，大學念的是家政，學了一手精湛的縫紉與毛線織功，又懂得營養學與家庭開支的計算，是才德兼備的美女主婦。或許正因為她是五、六〇年代美國航太事業巔峰期教育出的家政優等生吧，她至今仍熱中營養單位的計算且偏好現代化的加工食品。對婆婆來說，家裡明明有微波爐，為什麼要開瓦斯呢？既然有罐頭裝的蔬菜，何必買易損的新鮮貨？既然社會已進步到不需要自己殺雞才有肉吃，何不全心擁抱冷凍雞排與速食雞塊？超市裡由遠

地工廠運來的袋裝土司清清楚楚的標明了卡路里含量，又添加了鈣質，卵磷脂與維生素，有什麼理由花兩塊五毛錢買一條皮那麼硬的現烤法國麵包？

這讓我親身體驗了飲食文化評論人麥可‧波倫（Michael Pollan）近年來大肆批評的所謂「營養主義」（Nutritionism）。波倫認為現代營養科學的興起造成食物的抽象化，人們在追求飲食均衡時往往跳過蔬果五穀雞鴨魚肉這些真正的食物，只考慮膳食纖維，礦物質，膽固醇，飽和脂肪酸等等的多寡。這種思維非常有利於食品加工業，他們以低成本處理過剩的工業用玉米原料與石化下游產物，再與低比例的天然食材合成，添加一批營養素就可以大量販賣。仔細看這些產品的成分，都是一些長的念不出來的化學名詞，外加色素，防腐劑，增味劑……對身體一點好處也沒有。但商人們會順應潮流更改配方，一會兒強調低脂，一會兒標明高纖，傳統食物根本沒得競爭（胡蘿蔔裡的維他命Ａ恐怕還沒有早餐玉米片裡添加的那麼多）。長年下來，美國人吃了一堆低脂低糖高纖高鈣的「營養」食品，卻搞得一身是病，而且越來越胖，對法國人吃那麼多奶油、乳酪卻仍能保持身材這件事是羨慕不解又忿恨。

問題的癥結就在於吃進肚子裡的是不是「真正」的食物。在婆婆家住了幾天，我除了極其渴望大蒜和辣椒（總之是除了鹽和糖以外的調味料），也對新鮮蔬果咬下去的那股清脆感產生了無比思念。

一天早上我和Jim出門辦事，恰巧碰到當地每週一次的農夫市集，大大小小的攤位擺滿了附近農場直接運來的新鮮蔬菜，其中番茄歪歪扭扭顏色不一，一看就是天然授粉的品種，此外還有森林裡採來的野生菇菌，牧場自製自銷的乳酪，新鮮灌

製的香腸……甚至還有一家人在卡車上蓋了個泥窯，現場揉麵烤起pizza！我久旱逢甘霖，當場買了一袋雜色番茄與李子，一小塊味道很溫和的羊奶乳酪（fromage de chevre），一大把參雜了美麗金蓮花（nasturtium）的沙拉葉，心情馬上愉悅起來。

婆婆看到我拎著大包小包的菜回家顯然很受傷，想來我是喧賓奪主了。在平常的狀況下，我是很懂得媳婦本分的，但連續吃了幾天土色系的罐頭與微波料理，快要悶出病來，所以也管不了這麼多了。我用檸檬、芥末和橄欖油（當然都是另外買的）調了個沙拉醬，拌上鮮花嫩葉，紅黃番茄，還有和大蒜炒香的四季豆，再撒上剁碎的乳酪。婆婆看了很惶恐的說：「那些大蒜和芥末不會把舌頭燒壞嗎？」又說：「我做菜從不放這麼多調味料，那會掩蓋食物的原味。」我忍住不說你那些加工食品有什麼原味好掩蓋呢？當晚婆婆用微波爐熱了幾塊冷凍肉餅，抹上假奶油和番茄醬夾入乾撲撲的土司麵包裡。她很勉強的吃了幾口我做的沙拉，我很無奈的啃她做的三明治，每一口都是文明的對立與價值的衝擊！無辜的Jim夾在媽媽和太太中間，只好兩邊都吃很多。

飯後我為了彌補嫌隙，洗完碗後又陪婆婆看了兩個小時「如何修改襯衫」的上下兩集公視特別節目，深深體驗做媳婦不容易啊！

在農夫市集裡，每個攤位賣的都是老闆自己種的菜，沒有中途運輸批發的耽擱，所以特別新鮮。

農夫市集裡買來的雜葉沙拉配蒜炒四季豆、小番茄、羊奶乳酪，與可食的金蓮花。

12.
愛莉絲的美味革命

　　我本來一直不喜歡沒有照片或照片很少的食譜。食譜嘛，總要讓人看清楚做出來的菜是什麼樣子啊！但奇怪的是，有一種食譜雖然白紙黑字，卻非常引人入勝，而且大概因為沒有照片可以瀏覽，反而逼著人家去看文字，然後就乾脆捧起來一頁接一頁窩在沙發上像小說一樣讀下去，偶而停頓一下是為了想像香草奶油在牛排上融化的光景，或是哪裡可以買到新鮮的蠶豆……抬頭扭扭脖子才發現自己已經餓得不行了。

　　最近剛買的這本《The Art of Simple Food：Notes, Lessons, and Recipes from a Delicious Revolution》就是這樣一本可以捧著讀的食譜。作者愛莉絲・華特（Alice Waters）的出發點很簡單也很有野心，她試著透過很實際的技巧講解與菜色安排傳達一種獨特的美學與生活態度。比如談到餐後甜點，她說有時最好的甜點莫過於新鮮水果，「漂漂亮亮的盛在淺身大碗裡，連莖帶葉就像剛摘下來的一樣」；談到在家請客，她建議菜單不要太複雜，最好留點小差事請客人進廚房裡幫幫忙，擺盤的時候也以家庭式為上，裝在大盤大碗裡圍桌分食，更為和樂。這種

愛莉絲說，有時最好的甜點莫過於一大碗連莖帶葉的水果。

我平常在家請客是這樣一道道出菜的，總擔心沒有太多時間陪客人。

吃法對中國人來說本是天經地義，但我偏偏感到當頭棒喝，因為自從改行研習西餐廚藝以來，我一直以擺盤精美為己任，連在家裡吃飯也要雕琢個半天，請客時更是講究一道一道來，進出廚房疲於奔命又蓬頭垢面。每當那種「跟餐廳一樣」的菜端上桌時，客人們總是「哇」的一聲驚嘆，然後氣氛就忽然尷尬起來，不知道是應該繼續剛才的話題，還是拍主人的馬屁（身為主人的我期待的絕對是後者）。殊不知請客的目的本是和朋友聊天團聚，菜餚應是助興，如果本末倒置，反而顯得正經八百，吃起來很沒趣。

如果說我以前是把家裡當餐廳經營，愛莉絲就是那種把餐廳當家裡經營的大廚老闆。七〇年代她在北加州的柏克萊開起名為 Chez Panisse 的小餐廳，為的就是要有個輕鬆舒服的地方，讓大家享用她當年在法國遊學時愛上的那種「cuisine de bonne femme」（就譯為「好太太的家常菜」吧！）。餐廳草創初期，所有的廚師和服務生都是熱情有餘，經驗不足的業餘人士，其中不乏哲學系研究生，潦倒畫家，詩人，演員等等。由於大家都不專業，動作比較慢，年輕的愛莉絲決定一天只供應一種套餐，三、四道菜，別無選擇，習慣沿用至今。

Chez Panisse 的菜色雖簡單樸素，食材卻無比新鮮，據說愛莉絲的嘴巴很挑，一旦吃過了最新鮮完熟的蔬菜水果和土雞羔羊，就再也不能接受量產的次級品和遠來的進口貨。我曾看過報導，幾年前一家冷凍食品公司找愛莉絲去評鑑他們的產品，要她試吃、辨別 20 種冷凍和新鮮貨（打定主意要廣告「連愛莉絲·華特都吃不出來是冷凍的喔！」），沒想到她竟然每一種都吃出來了，讓那家公司很糗。總之 Chez Panisse 附近的有機農知道有這樣識貨的老闆後都會帶著自己最好的收成作

物去找她，相對的愛莉絲也會在菜單上大大的宣揚這些原本名不見經傳的農夫。這種做法現在很流行，當年卻是創舉，也因為她餐廳的口碑越傳越響亮，間接捧紅了一批農業英雄。結果只為了一個對「好吃」的堅持，愛莉絲很傳奇的帶動了北加州的有機農業，後來又和義大利的慢食運動結合，於全美各地推動自產自銷的農夫市場，這幾年甚至還投身教育，在中小學裡推行「Edible Schoolyard」（可以吃的校園）計畫，教小朋友種菜做菜，從基層改變美國人的飲食態度，儼然慢食教母。

　　去年我看了一本湯瑪斯・麥納密（Thomas McNamee）著作的愛莉絲傳記，就叫作《Alice Waters and Chez Panisse》，書中描繪的是個很浪漫固執，直覺精準且行動力特強，但並不懂得深思熟慮的女人。這和愛莉絲目前崇高的慢食代言人形象有一點差距（據說她看了這本書有一點不高興），但讀了她親筆撰寫的食譜之後，我倒覺得傳記作者抓到了愛莉絲性格中的精髓。講的難聽點，她顯然沒有慢食運動創始人卡羅・佩區尼（Carlo Petrini）或是麥可・波倫這一幫談飲食的知識分子那麼有深度，並不能引經據典交互辯證，講起道理來也永遠離不開「最好吃

的雞就是最新鮮的土雞；最好吃的菜就是最新鮮的有機菜」，可是她淺顯如口語的
文字另有一股摸得到聞得到，感官至上的迷人。她花很大的篇幅仔細解釋怎樣煮豆
子，怎樣揉麵團，如何烤雞，如何調火候……每一個章節都像是上了一堂課，讓你
不只學會她列出來的家常菜，還會急著想出門逛市場，隨性買一些當季的菜回廚房
舉一反三。自從一口氣看完她的食譜後，我每天一有空就自己擀麵皮切麵條，而且
忽然吃了非常多的水果，還很想出門野餐，並且有強烈的請客欲望。重點是不管做
什麼跟吃有關的事情，都有一種活著真好的感覺。

　　美國麵包師傅彼得‧仁赫特（Peter Reinhart）在他的食譜《Crust and Crumb》
的前言裡說，他認為動手做美麗又好吃的東西是一件非常有靈性，近乎宗教性的經
驗，就算你說不出道理也沒想太多，在一切從頭做起的烹飪過程中也常能感受到與
大自然連結的滿足和性靈昇華。這對我這種不拜拜也不上教堂的人來說非常受用，
想想：「多做菜得永生」，多好！我想愛莉絲的美味革命要傳達的就是這樣的訊息，與
其講一堆道理，不如就動手做吧！

13.
廚房裡的貝多芬

　　前兩天看報得知，被譽為餐飲界奧斯卡的詹姆斯畢爾德獎（James Beard Award）今年將美國年度大廚獎項頒給剛完成口腔癌化療，味覺仍失調的芝加哥新秀，年僅34歲的葛藍特·阿克茲（Grant Achatz）。看到這個消息我忍不住跳起來叫好，因為阿克茲這個人實在太傳奇了，近兩年我陸陸續續在報章雜誌上閱讀了不少關於他的報導，除了他驚人的創作力以外，從一些小事裡總能瞥見他超乎常人的執著與狂熱，讓我打從心裡佩服。

　　阿克茲於2005年自行籌資創立的Alinea餐廳，是目前美國最前衛的美食重地，走的是科學化的分子美食路線，《芝加哥論壇報》評他的創作為「可以展示於現代美術館裡的家常菜」，因為他一方面利用科技手法解構經典，顛覆味覺，一方面又特別童心爛漫，處處營造熟悉的感官情境以喚起用餐者塵封的兒時記憶。比如他在廚房裡燃燒橡樹葉然後以玻璃杯捕捉煙霧，上菜時玻璃杯一掀起，草葉薰香縈繞野雉胸肉，有中西部鄉下秋天露營打獵的感覺。焦糖爆米花變成一小杯飲料；番茄水牛乳酪沙拉變成一顆滾動於羅勒葉上，灌滿了番茄精華的乳酪泡泡；一劑噴霧噴

阿克茲2008年10月
出版的《Alinea》食譜
書影。
圖片提供│Dana Yu

進嘴裡，結晶沉澱於口舌上的竟是美式派對上常見的小菜——蝦仁配番茄醬與辣根
芥末（shrimp cocktail）……總之點子是層出不窮，而且每季換菜單。一套完整的
賞味套餐吃下來總共24道菜，配上佐餐酒要價375美元，有些人吃的一頭霧水，
有些人感動的痛哭流涕，果真是現代藝術咧！

　　對於這樣一個以玩感官為志業的另類廚師來說，失去味覺是多麼大的悲劇啊！
阿克茲從2004年開始，舌頭上不斷的生爛瘡，牙醫判定他是睡眠不足與壓力過大
造成，他因此不以為意，但幾年下來問題越來越嚴重，2007年夏天終於檢查出癌
細胞，已是末期口腔癌。醫生本來執意切除他三分之二的舌頭，但他抵死不從，後
來轉到芝加哥大學的醫療中心，選擇非主流的口腔化療，幾個月治療下來大有起
色。去年底阿克茲公開發表聲明，說他的口腔目前已檢查不出癌細胞，除了謝謝支
持他的親友與工作同仁之外，更特別強調他對Alinea餐廳的付出從未衰減。為期
四個多月的化療過程，他雖然脫皮掉髮體重遽減，竟還是全職上工，在廚房裡僅缺
席14次！

阿克茲的敬業精神一方面是怪胎天生，一方面是跟他的恩師湯馬斯・凱勒學來的。阿克茲的父母是開快餐店的，他從五歲起就站在牛奶箱上洗碗，14歲正式升格廚師，每天一放學就進廚房做菜。1995年他從紐約州的CIA餐飲學院畢業，執意進入全國最好的餐廳做學徒，第一個工作是跟隨他的老鄉——當年《Wine Spectator》雜誌評鑑第一的芝加哥廚藝巨擘查理・特拉特（Charlie Trotter）。一年下來他工作不是很快樂，廚房裡明爭暗鬥的階級氣氛讓他差點想放棄廚藝，卻在這時看到一則位於加州納帕河谷（Napa Valley），The French Laundry餐廳的報導。如今舉世聞名的The French Laundry在當時才開幕不久，但主廚湯馬斯・凱勒剛獲得加州年度大廚的榮譽，他主張的新派法式美國菜馬上吸引了年輕的阿克茲的注意。阿克茲寄了一封求職信沒有回音，索性每天寄一封，連續寄了一個月，凱勒最後受不了騷擾，終於答應面試。

　　據說阿克茲第一回踏進The French Laundry廚房的時候，大廚凱勒一個人正在裡面掃地，把這個來應徵的學徒嚇了一跳，也當場學了一課。阿克茲在The French Laundry待了三年，從冷廚學徒一路升到副大廚，把凱勒那套嚴謹基礎功與完美作風學得徹徹底底。2000年凱勒帶手下幾名愛將赴西班牙拜訪當時剛爆紅的分子美食宗師費藍・阿德立亞（Ferran Adria），並特別安排讓阿克茲進入阿德

立亞有如科學實驗室的El Bulli餐廳實習一週。一星期下來阿克茲大開眼界——泡沫，雪花，凝凍，煙霧……阿德立亞的抽象前衛手法讓他看到烹飪日新月異的可能性。返美後他不斷思考自己想走的路，終於提出辭呈，帶著凱勒的祝福自立門戶。他首先應徵上芝加哥Trio餐廳的主廚，隨即獲得2002年詹姆斯畢爾德獎年度新星的鼓勵。接著他集資開設完全由自己主導的餐廳，取名Alinea，字源是編輯上常用的符號¶，代表一個章節的開始，可說是美國餐飲史上的一個里程碑。2006年，Alinea打敗常勝軍The French Laundry與Chez Panisse，在《Gourmet》雜誌評選的全美50大餐廳排行裡榮登第一名。

接下來的路要怎麼走呢？放射線治療雖然成功的移除了阿克茲的癌細胞，但也嚴重的破壞了他的舌苔，這一年來他在廚房裡完全得依賴手下廚師們對調味的判斷，設計新菜時也只能靠記憶與想像力在腦子裡拼湊新興組合可能帶來的獨特滋味。目前他的舌苔正在慢慢復原，已經可以嘗到甜味和苦味，鹹味剛開始回來，但是對酸還沒有感受，醫生預期復原過程至少一年，而且不見得能夠完全康復。樂觀的阿克茲說，味覺抽離逐一回復的過程讓他對食物的味道組合有了更深刻的認知，他根據這個經驗設計了幾道新菜，由嗅覺的香味帶入甜味，甜味帶入苦味，苦味再帶入鹹味，自稱這可能是他烹飪事業上的一大契機，將來還有什麼驚人創意就讓人拭目以待了。

14.
Fusion 何去何從？

　　不知從什麼時候開始，原本大紅大紫的「Fusion」無國界料理忽然變成了個髒字，人人避之唯恐不及。上星期香港的《南華日報》做了一個短篇的人物專訪，與香港當今炙手可熱，自稱「廚魔」的酷哥大廚梁經倫（Alvin Leung）對談，席間他表示自己非常厭惡fusion這個字眼，因為字一出口餐廳的生意就完了。我想到在Amber工作時，荷蘭籍的大廚李察也曾告訴我，雖然他設計菜色時不排除亞洲特有的調味技巧與素材，運用手法必須不著痕跡，比例也不能太多，否則一旦冠上了fusion的標籤，餐廳的聲譽會受損。我也記得大廚作家兼電視名人安東尼・波登曾在書上提到，他在紐約的餐廳裡應徵廚師時，最討厭碰到那種年輕小伙子開口閉口談椰漿香茅與東西合璧，一聽就知道有問題，還不如找個完全沒經驗的新手從頭訓練起。

　　這是怎麼一回事呢？fusion的意思是「融合」，每當兩種或更多的文化相會擦撞時，不同的飲食習慣與食材應用自然而然的會交互影響，產生新的面貌。世界各地許多知名的料理，如馬來華人的娘惹菜，澳門風味的葡國菜，美國德州式的墨西

哥菜（Tex-Mex），紐奧爾良的Cajun菜等等，都是人口遷移或殖民統治下的融合產物。照理說當今全球化的腳步無遠弗屆，文化交流想躲都躲不掉，無國界飲食應是潮流所趨，怎麼反而成了票房毒藥？

　　仔細想想，或許全球化下透過旅遊，影視媒體，與商品進出口所帶來的速簡文化交流正是所謂無國界料理的致命傷吧。當代廚人與食客不需長期離鄉背井也不需與其他族群密切相處，就可以消費、體驗異國的飲食與文化，這種蜻蜓點水的認識雖然新鮮有趣，卻難以深入，吸收了五花八門的資訊後試圖融合創作的結果往往毫無章法。我在學校裡就碰過一些美國人，以為不管什麼菜只要加了醬油與麻油就是Asian Fusion，興致一來再添點咖哩與味噌也不錯，反正都是亞洲來的嘛！這就像台灣很多人喜歡在pizza上撒玉米粒，漢堡裡夾荷包蛋抹美乃滋（而且覺得「西餐」除了這個還有什麼？喔，還有牛排和炸雞！），在西方人眼裡也是不倫不類。

　　這讓我想到語言學裡對文化交流地帶的新興語法所做的兩種基本分類，一種叫作Pidgin，中文譯為「洋涇浜」，另一種叫作Creole，有人譯為「克里奧語」。學理上洋涇浜代表的不只是中國人講的破英文，而包括所有在語言不通的狀況下應運而生的簡易交談方式。這種交談純為溝通買賣，毫無章法可言，通常是A語言借幾個字，B語言再借幾個字，然後用牙牙學語的方式串聯起來。有趣的是，當一群語言不通的人立地定居，生養起第二代時，他們的孩子會很自然的把父母輩口裡亂七八糟的Pidgin系統化，久而久之衍生出完整的文法結構與字彙體系，這就叫作Creole。許多十七、十八世紀奴隸交易的落腳地如牙買加與海地等地，至今仍以當地特有的克里奧語為主要語言，字彙和語法可追溯到西非各部族語系以及英文，

非常有日法fusion風的一道菜：烤和牛配燉海帶、醋漬嫩薑、香草奶油。圖片提供｜王循耀。

法文，葡萄牙文。其他地區一些多民族的島嶼如夏威夷和模里西斯也是一直到現在還以當地的克里奧語為民間溝通方式。

我想說的是，那種雜亂無章為人詬病的無國界料理就像是洋涇浜，混合了多種文化的元素卻沒有內部邏輯與結構。這樣做出來的菜可以吃（就像洋涇浜可以溝通），甚至對很多人來說比道地的外國菜更容易接受（畢竟在語言不通的狀況下講洋涇浜比講標準語言好），但最終仍不免顯得殘缺凌亂。相反的，那些世界知名，有歷史淵源的融合料理就像是克里奧語，透過長期的演練剔除彆扭的組合，以時間淬煉出獨樹一幟的飲食風格。就拿娘惹菜做例子吧，任何吃過叻沙（laksa）的人應該都能體會，這一碗咖哩海鮮麵裡雖有福建和潮州人常吃的魚丸、油豆腐和雞蛋麵，但顯然不是中國菜，雖有薑黃和椰漿卻不是印度菜，有蝦醬和香茅卻也不是標準馬來菜。它多元的食材結合得密切又自然，反應的正是華人與馬來族群數代通婚後發展出的峇峇娘惹（Baba-Nyonya）文化。再進一步想想，其實現今世界上哪種料理不是文化交流融合演變出的產物呢？

廚魔梁經綸設計的牛尾小籠包配魚子醬。

　　話說回來，跨文化的烹調方式也並非都得經過族群融合才有價值和正當性。如果一個愛下廚的人對自己傳統的飲食文化有豐富的認識，又對別種食材和烹飪技巧產生好奇心與研究精神，創意的混搭是可以讓人耳目一新的。依我自己動手與四處觀察的經驗看來，成功的創作往往有一個明確的前提與基礎，例如從經典的菜式出發，然後考慮是否增加異國元素或替換目前的組合，總之是在熟悉的旋律上進行變奏，而非天馬行空的東抓一點西抓一點。例如電影〈料理絕配〉（No Reservataion）裡，凱薩琳・麗塔瓊斯所飾演的女大廚設計了一道煎干貝配番紅花奶油醬，男主角吃了驚為天人，尤其欣賞那醬汁中若有似無又讓人猜不透的芬芳餘味。片尾謎底揭曉，原來奶油醬在烹調時添加了幾片泰式萊姆葉（Keffir Lime Leaf）。電影裡雖沒有分析其中奧妙，我們不難推敲出創作的過程：受法式廚藝訓練的美女大廚一定很熟悉經典的煎干貝與奶油醬組合，這種奶油醬叫 beurre blanc，傳統上以白酒或白醋加紅蔥末和奶油進行乳化。大廚從這個基礎出發，首先她可能想到，在地中海一帶海鮮常配白酒奶油與色澤鮮豔的番紅花，所以她在 beurre blanc 裡也加了一小撮。加了番紅花的奶油醬味道變得比較濃郁，需要一點草葉和柑橘來平衡，這時大

部分的法式大廚可能會選擇月桂葉與檸檬汁，但是她跳出了框框，選擇泰式酸辣蝦湯裡常見的萊姆葉，此舉滿足了味覺需求還帶來一絲驚喜，是神來之筆！

　　我開頭提到的那位「廚魔」梁經倫在三年前剛開店時曾被批評得很慘，《國際先鋒報》的知名食評派翠夏·威爾斯（Patricia Wells）形容他的菜標新立異，複雜的沒道理，完全自欺欺人（100% delusional）。事隔多年，我陸陸續續開始聽到了一些好評，又因為他的餐廳Bo Innovation最近搬到我家附近，於是昨天中午第一次跑去吃吃看，一試印象極好！我的午餐開胃菜是一只摺痕精美的小籠包，上面很大方的擺了一匙漆黑晶亮的魚子醬。一口咬下去裡面包的不是豬肉蟹黃，而是燉爛撕碎的牛肋條，溢出的湯汁也不是溶化的豬皮凍而是牛骨高湯。平常吃小籠包的時候一定會搭配薑絲與米醋以去膩提鮮，這裡沒有薑和醋，但鹹香的魚子醬卻發揮了類似的功能，吃起來口感新鮮也很對味。我的主菜是以鴨胸做的叉燒，配柳橙醬，底下鋪了一層春筍拌青醬。菜單上琳琅滿目的還有臘味飯，荷葉雞，松露腸粉，鵝肝鍋貼，讓我看了真的很好奇。顯然廚魔已走出了洋涇浜的階段，現正以日趨成熟的技巧和跨國想像重新演繹港式中菜。

　　所以說fusion其實沒有死，它只不過是扎了根，以新興國民菜的面貌重新示人。放眼各地：愛莉絲·華特結合北加州富饒的農產與歐洲學來的技巧發展出「加州菜」的濫觴；費藍·阿德立亞引領一批前衛人馬把新式西班牙菜炒得火熱；山本征治在懷石的架構下大玩分子美食；梁子庚在外灘坐鎮「新派上海菜」。這是百家爭鳴的時代，希望在不久的將來，台灣多元深厚的飲食文化也能發展出一套讓世界驚豔的新台菜，在全球創意美食版圖上爭一席之地。

15.
米其林標準

　　港澳地區第一本《米其林餐飲指南》於2008年12月正式推出，總共28家餐廳摘星40顆（相對東京的227顆），其中四季酒店的龍景軒成為香港第一家三星餐廳，也是世界第一家三星的中式餐廳；同享三星殊榮的還有澳門葡京酒店由法國名廚Joel Robuchon監督的Robuchon a Galera。二星餐廳共八家，包括我實習的「母校」Amber，而一星也囊括許多名人飯堂，如鏞記，利苑，福臨門等18家餐廳。

　　書一上市，怨聲四起，本地美食家們斥為「鬼佬評中菜，毫無代表性」。《星島日報》批評指南欠港味，表示很失望榜上竟沒有港人引以為傲的「茶餐廳」。香港號稱「美食天堂」，自尊受挫的情緒不難體會，但我想造成這種不滿，很大的原因是人們對米其林的標準有太多誤解。首先，米其林的星級鑑定與一般熟悉的一至五星級酒店分等大不相同：一星級的酒店恐怕連最廉價的旅行團都不屑逗留，而一星級的米其林餐廳卻已晉身世界級的美食殿堂，所以並不是所有不錯的餐廳小吃都應至少有一星。米其林公佈的星級差異如下：

三星：值得專程到訪（merits a special journey）。餐飲水準與裝潢和服務的品質都出類拔萃，價格不菲，通常不宜帶小孩。

二星：值得為此繞道而行（deserves a detour）。一流品質，價格不菲。

一星：如果順路不可不試（If it's on your way, you should stop）。餐飲高水準，環境舒適，可高檔可平價。

這樣聽起來恐怕還是很含糊，畢竟每個人對於「一流」、「舒適」，甚至「昂貴」或「平價」的定義都不一樣，而且很多持文化相對論的美食家會說，西方人哪裡懂得欣賞和評鑑中國菜呢？（這次十二位匿名評審員中只有兩位華人）對於這一點我有正反兩面看法。

首先，文化差異的確存在。西方評審員若對中式菜系不熟悉，評鑑菜式時難免欠缺衡量的標準（例如：這個獅子頭比一般的獅子頭好／差很多），對於一種菜色究竟是經典還是創意也較難判斷。另外中菜系裡有許多對軟韌彈牙口感（也就是台灣人所謂Q）的追求，這向來是西方人比較難欣賞的，所以舉凡鳳爪海蜇牛筋軟骨，甚至華人譽為頂級美食的鮑參翅肚，對許多西方饕客來說都很難理解，即便心胸開闊勇於嘗試，也不容易判斷烹飪的品質。還有中菜時常講究連皮帶骨，表示食材完整新鮮，啃咬啐吐之間另增情趣，並不表示草莽低檔，這在西式的高級餐廳裡是絕對看不到的。諸如此類的例證不勝枚舉，如果評審員因其中任何一樣差異產生偏見，都難免影響評鑑結果。

米其林總裁對於這種「文化相對論」的回應是：「好菜就是好菜，有一定的客觀標準。法國菜不是只有法國人懂得欣賞，中國菜也不是只有中國人懂得欣賞。」

此說法當然也有它的道理在，尤其若你採用的「客觀」標準是所謂的「米其林」標準。怎麼說呢？這很弔詭：米其林標準並不是放諸四海皆準的絕對標準，但如果四海皆使用此單一標準，最終也能達成某種角度的客觀。

官方公佈的米其林評鑑考量包括：食材品質（quality of products），口味掌控（mastery of flavor），烹飪技術（mastery of cooking），個人風格（personality of the cuisine），價值所在（value for the money），水準恆定度（consistency）。

這些標準聽起來還是很主觀籠統，但依我在餐廳工作的經驗看來，米其林追求的是一種精益求精，極其龜毛的形式完美。就拿我工作過的二星餐廳Amber為例吧，大廚李察（Richard Ekkebus）在獨當一面之前，所有於荷蘭與法國工作過的餐廳都是三星級的，也因此他摘星的野心極大，心目中的標準以及對廚師們的要求都非比尋常。在Amber工作時，我們每一片沙拉葉都是檢查過的，稍有缺角凹痕即丟棄；蔬果的切割必須大小長短一致，沒有模稜兩可的空間；醬汁的調配有時從煮湯開始得花上三天的時間。為了從90分提到100分，為了確保每一盤食物都完美無缺，在品質最巔峰的時刻出菜，廚房裡所需動員的人力物力遠遠超乎尋常人的想像。（見〈完美的代價〉，P136）

幾星期前我第一次去香港國際金融中心（IFC）的利苑吃飯，前菜的拼盤才一上桌我已經刮目相看。原來一般燒臘店裡都有的脆皮燒肉，在這裡竟然每一塊都切成約兩公分的立方體，而且每一塊豬腩的瘦肉與肥肉比例幾乎都一致，吃起來脆軟滑膩非常平衡。其實燒肉就算切得長短不一也一樣好吃，但利苑的做法就是精益求精，為了達成大小肥瘦一致的成品，想必費了極大的工夫，而且廢棄不用的邊角肉一定不少，成本大大提高。光憑這道菜我就不訝異他們得了一顆星，如果每一道菜都這麼無所不用其極的製作，就是三星了。

習慣了這種勞力超密集的標準後，我幾次有機會與一些頗有國際盛名但非星級的大廚合作時，常常驚訝他們的態度竟如此「隨便」（菜切得歪歪扭扭的沒問題嗎？蔬果有點氧化變色也沒關係嗎？），後來才發現他們的標準其實很正常，甚至與大多數的餐廳比起來已經算嚴格了。其實稍微隨性一點並沒有什麼不好，這樣子做菜輕鬆快樂很多，而且做出來的菜可以很有個性很美味，吃起來可能比星級料理更暢快淋漓。但由於隨性，最終難免造成品質的波動，違反米其林對完美精確與水準恆定的要求。

再以前兩篇談到的愛莉絲・華特為例，她在加州柏克萊的 Chez Panisse 餐廳對很多人來說是美食的殿堂與精神標竿，《Gourmet》雜誌多年來總將它評為全國數一數二的餐廳。2006 年米其林第一次評鑑舊金山灣區時，只給了 Chez Panisse 一顆星（今年不變），許多人震怒譁然，但愛莉絲本人反而不覺得有什麼

問題，因為她本來就是受到法國鄉間那種名不見經傳，但偏偏好吃又有風格的小餐館影響。這樣的餐廳講究的是食物的美味而不是精緻的做工，能得到一星的認同是恰到好處，表示它美味舒適不刁鑽，在同類作風較隨性的餐廳裡已達到傑出的地位。

所以說摘星星其實不是人人都有能力，有興趣去做的。即便對那些已經摘到米其林星星的餐廳來說，要維持星等都必須花上天大的力氣，得用百米賽跑的精力速度參加馬拉松長跑。2003年法國的三星大廚伯納‧羅梭（Bernard Loiseau）就是在心力交瘁又懼怕少一顆星星的壓力下舉槍自殺。據說他生前為了把La Cote d'Or餐廳發展到三星的水準，付出了無比的人力財力，所以即使一套餐要價三百歐元也只能勉強打平開支。反觀他的同門師兄克洛德‧佩洛登（Claude Perraudin），雖然擁有一身亮麗的頂尖履歷，卻毅然決然放棄他認為「太麻煩」的星級料理，去巴黎開了一間小酒館，傾一身本領做家常菜，至今每日座無虛席。

總而言之，米其林的星星並不是廚界成功唯一的指標，它象徵的是「米其林標準」，這不代表最好吃，最舒服，最賺錢，但一定精準細緻，風格獨具，水準恆定。以這種非常細微確切的標準來看，我認為米其林有它的公信度與客觀性。如果你能認同這種標準而且荷包能力也允許，去米其林評鑑的星級餐廳用餐應是很有價值的美好經驗。但如果你本來就比較喜歡小吃和茶餐廳，對米其林的星星也就不要太在意了吧！

國家圖書館出版品預行編目資料

廚房裡的人類學家｜莊祖宜作. -- 初版. –
台北市：大塊文化, 2009.04
260面 ; 17×22公分. -- (Catch ; 150)

ISBN 978-986-213-114-5(平裝)

1.飲食 2.文集

427.07　　　　　　98004188

LOCUS

LOCUS